U0305389

国家"双一流"建设学科
辽宁大学应用经济学系列丛书
青年学者系列

总主编◎林木西

环境规制
对绿色经济增长影响研究

Research on Environmental Regulation's Effect on
Green Economic Growth

孙玉阳　著

中国财经出版传媒集团
经济科学出版社
Economic Science Press

图书在版编目（CIP）数据

环境规制对绿色经济增长影响研究/孙玉阳著. —北京：经济科学出版社，2020. 12

（辽宁大学应用经济学系列丛书. 青年学者系列）

ISBN 978 - 7 - 5218 - 2201 - 4

Ⅰ. ①环… Ⅱ. ①孙… Ⅲ. ①环境规划 - 影响 - 绿色经济 - 经济增长 - 研究 - 世界 Ⅳ. ①X32②F113. 3

中国版本图书馆 CIP 数据核字（2020）第 254798 号

责任编辑：郎　晶
责任校对：杨　海　齐　杰
责任印制：李　鹏　范　艳

环境规制对绿色经济增长影响研究

孙玉阳　著

经济科学出版社出版、发行　新华书店经销
社址：北京市海淀区阜成路甲 28 号　邮编：100142
总编部电话：010 - 88191217　发行部电话：010 - 88191522
网址：www. esp. com. cn
电子邮箱：esp@ esp. com. cn
天猫网店：经济科学出版社旗舰店
网址：http：//jjkxcbs. tmall. com
北京季蜂印刷有限公司印装
710 × 1000　16 开　11. 5 印张　180000 字
2021 年 3 月第 1 版　2021 年 3 月第 1 次印刷
ISBN 978 - 7 - 5218 - 2201 - 4　定价：46. 00 元
（图书出现印装问题，本社负责调换。电话：010 - 88191510）
（版权所有　侵权必究　打击盗版　举报热线：010 - 88191661
QQ：2242791300　营销中心电话：010 - 88191537
电子邮箱：dbts@ esp. com. cn）

总　序

　　本丛书为国家"双一流"建设学科"辽宁大学应用经济学"系列丛书，也是我主编的第三套系列丛书。前两套系列丛书出版后，总体看效果还可以：第一套是《国民经济学系列丛书》（2005 年至今已出版13 部），2011 年被列入"十二五"国家重点出版物出版规划项目；第二套是《东北老工业基地全面振兴系列丛书》（共 10 部），在列入"十二五"国家重点出版物出版规划项目的同时，还被确定为 2011 年"十二五"规划 400 种精品项目（社科与人文科学 155 种），围绕这两套系列丛书取得了一系列成果，获得了一些奖项。

　　主编系列丛书从某种意义上说是"打造概念"。比如说第一套系列丛书也是全国第一套国民经济学系列丛书，主要为辽宁大学国民经济学国家重点学科"树立形象"；第二套则是在辽宁大学连续主持国家社会科学基金"八五"至"十一五"重大（点）项目，围绕东北（辽宁）老工业基地调整改造和全面振兴进行系统研究和滚动研究的基础上持续进行探索的结果，为促进我校区域经济学学科建设、服务地方经济社会发展做出贡献。在这一过程中，既出成果也带队伍、建平台、组团队，使得我校应用经济学学科建设不断跃上新台阶。

　　主编这套系列丛书旨在使辽宁大学应用经济学学科建设有一个更大的发展。辽宁大学应用经济学学科的历史说长不长、说短不短。早在1958 年建校伊始，便设立了经济系、财政系、计统系等 9 个系，其中经济系由原东北财经学院的工业经济、农业经济、贸易经济三系合成，财政系和计统系即原东北财经学院的财信系、计统系。1959 年院系调整，将经济系留在沈阳的辽宁大学，将财政系、计统系迁到大连组建辽宁财经学院（即现东北财经大学前身），将工业经济、农业经济、贸易经济三个专业的学生培养到毕业为止。由此形成了辽宁大学重点发展理论经济学（主要是政治经济学）、辽宁财经学院重点发展应用经济学的大体格局。实际上，后来辽宁大学也发展了应用经济学，东北财经大学也发展了理论经济学，发展得都不错。1978 年，辽宁大学恢复招收工业经济本科生，1980 年受人民银行总行委托、经教育部批准开始招收国际金融本科生，1984 年辽宁大学在全国第一批成立了经济管理学院，增设计划统计、会计、保险、投资经济、国际贸易等本科专业。到 20 世纪 90 年代中期，辽宁大学已有西方经济学、世界经济、国民经济计划与管理、国际金融、工业经济 5 个二级学科博士点，当时在全国同类院校似不多见。1998 年，建立国家重点教学基地"辽宁大学国家经济学基础人才培养基地"。2000 年，获批建设第二批教育部人文社会科学重点研究基地"辽宁大学比较经济体制研究中心"（2010 年经教育部社会科学司批准更名为"转型国家经济政治研究中心"）；同年，在理论经济学一级学科博士点评审中名列全国第一。2003 年，在应用经济学一级学科博士点评审中并列全国第一。2010 年，新增金融、应用统计、税务、国际商务、保险等全国首批应用经济学类专业学位硕士点；2011年，获全国第一批统计学一级学科博士点，从而实现经济学、统计学一级学科博士点"大满贯"。

在二级学科重点学科建设方面，1984 年，外国经济思想史（即后来的西方经济学）和政治经济学被评为省级重点学科；1995 年，西方经济学被评为省级重点学科，国民经济管理被确定为省级重点扶持学科；1997 年，西方经济学、国际经济学、国民经济管理被评为省级重点学科和重点扶持学科；2002 年、2007 年国民经济学、世界经济连续两届被评为国家重点学科；2007 年，金融学被评为国家重点学科。

在应用经济学一级学科重点学科建设方面，2017 年 9 月被教育部、财政部、国家发展和改革委员会确定为国家"双一流"建设学科，成为东北地区唯一一个经济学科国家"双一流"建设学科。这是我校继

1997 年成为"211 工程"重点建设高校 20 年之后学科建设的又一次重大跨越，也是辽宁大学经济学科三代人共同努力的结果。此前，2008 年被评为第一批一级学科省级重点学科，2009 年被确定为辽宁省"提升高等学校核心竞争力特色学科建设工程"高水平重点学科，2014 年被确定为辽宁省一流特色学科第一层次学科，2016 年被辽宁省人民政府确定为省一流学科。

在"211 工程"建设方面，在"九五"立项的重点学科建设项目是"国民经济学与城市发展"和"世界经济与金融"，"十五"立项的重点学科建设项目是"辽宁城市经济"，"211 工程"三期立项的重点学科建设项目是"东北老工业基地全面振兴"和"金融可持续协调发展理论与政策"，基本上是围绕国家重点学科和省级重点学科而展开的。

经过多年的积淀与发展，辽宁大学应用经济学、理论经济学、统计学"三箭齐发"，国民经济学、世界经济、金融学国家重点学科"率先突破"，由"万人计划"领军人才、长江学者特聘教授领衔，中青年学术骨干梯次跟进，形成了一大批高水平的学术成果，培养出一批又一批优秀人才，多次获得国家级教学和科研奖励，在服务东北老工业基地全面振兴等方面做出了积极贡献。

编写这套《辽宁大学应用经济学系列丛书》主要有三个目的：

一是促进应用经济学一流学科全面发展。以往辽宁大学应用经济学主要依托国民经济学和金融学国家重点学科和省级重点学科进行建设，取得了重要进展。这个"特色发展"的总体思路无疑是正确的。进入"十三五"时期，根据"双一流"建设需要，本学科确定了"区域经济学、产业经济学与东北振兴""世界经济、国际贸易学与东北亚合作""国民经济学与地方政府创新""金融学、财政学与区域发展""政治经济学与理论创新"五个学科方向。其目标是到 2020 年，努力将本学科建设成为立足于东北经济社会发展、为东北振兴和东北亚区域合作做出应有贡献的一流学科。因此，本套丛书旨在为实现这一目标提供更大的平台支持。

二是加快培养中青年骨干教师茁壮成长。目前，本学科已形成包括长江学者特聘教授、国家高层次人才特殊支持计划领军人才、全国先进工作者、"万人计划"教学名师、"万人计划"哲学社会科学领军人才、国务院学位委员会学科评议组成员、全国专业学位研究生教育指导委员会委员、文化名家暨"四个一批"人才、国家"百千万"人才工程入选者、国家级教学名师、全国模范教师、全国优秀教师、教育部新世纪优秀人才、教育部高等学校教学指导委员会主任委员和委员、国家社会科学基金重大项目首席专家等在内的学科团队。本丛书设学术、青年学者、教材、智库四个子系列，重点出版中青年教师的学术著作，带动他们尽快脱颖而出，力争早日担纲学科建设。

三是在新时代东北全面振兴、全方位振兴中做出更大贡献。面对新形势、新任务、新考验，我们力争提供更多具有原创性的科研成果、具有较大影响的教学改革成果、具有更高决策咨询价值的智库成果。丛书的部分成果为中国智库索引来源智库"辽宁大学东北振兴研究中心"和"辽宁省东北地区面向东北亚区域开放协同创新中心"及省级重点新型智库研究成果，部分成果为国家社会科学基金项目、国家自然科学基金项目、教育部人文社会科学研究项目和其他省部级重点科研项目阶段研究成果，部分成果为财政部"十三五"规划教材，这些为东北振兴提供了有力的理论支撑和智力支持。

这套系列丛书的出版，得到了辽宁大学党委书记周浩波、校长潘一山和中国财经出版传媒集团副总经理吕萍的大力支持。在丛书出版之际，谨向所有关心支持辽宁大学应用经济学建设与发展的各界朋友，向辛勤付出的学科团队成员表示衷心感谢！

林木西

2019 年 10 月

　　改革开放以来，中国经济高速增长，取得举世瞩目的成就，但也付出了巨大的环境代价，发达国家上百年经济发展过程中产生的环境问题在中国近几十年经济发展过程中集中爆发。传统的粗放型经济发展方式已经难以推动中国经济持续健康发展，转变经济发展方式势在必行。党的十八大报告首次提出绿色发展，十八届五中全会将绿色发展作为未来经济社会发展的重要指导理念，十九大报告提出推动绿色发展。绿色经济增长作为绿色发展的重要内容，强调在资源承载力和环境容量约束下实现经济与环境协调发展的一种新型经济增长方式，也是实现经济持续健康发展的重要途径。由于环境资源的稀缺性、外部性、产权不明晰和交易费用昂贵等特点以及微观经济主体的机会主义，单靠市场机制无法实现环境保护，更无法推动绿色经济增长。因此，环境规制作为解决市场失灵、实现环境保护的手段应运而生。经过40多年的发展，我国环境规制方面的法律法规不断完善，环境规制工具不断丰富，环境规制强度也得到显著提升。那么，环境规制究竟能否促进以及如何促进绿色经济增长呢？

　　本书围绕着环境规制对绿色经济增长的影响这一核心主题展开研究。首先，归纳总结了国内外有关环境规制与经济增长、环境规制与绿色经济增长等方面的相关文献，并且梳理了国内外有关环境规制和绿色经济增长的内涵，界定了环境规制和绿色经济增长的概念，同时系统阐述了市场失灵理论、经济增长理论以及新制度主义理论，为后续研究奠定基础。其次，详细地介绍了环境规制的状况和绿色经济增长的状况。

再次，系统探讨了"环境规制能否促进绿色经济增长"、"环境规制对绿色经济增长影响的传导机制"以及"环境规制对绿色经济增长影响的门槛效应"三个问题，从而更加全面地反映出环境规制对绿色经济增长的影响。最后，提出了对策建议：深化环境规制变革，提升环境治理能力；增强经济转型动力，转变经济增长方式；加强制度建设，提升制度保障能力等。

本书主要结论为：（1）我国环境规制发展不断走向成熟；环境规制实施取得良好的效果。（2）全国和东中部地区绿色经济增长水平不断提升，主要源于绿色技术进步水平的提升，其中东部地区的绿色经济增长水平要高于中部地区；西部地区绿色经济增长水平出现下降，主要源于绿色技术效率水平的下降；全国和东中西部地区绿色经济增长基本呈收敛趋势。（3）环境规制显著促进了绿色经济增长，并通过稳健性检验。（4）环境规制通过产业结构升级、技术创新以及外商直接投资三条路径促进了绿色经济增长，并通过稳健性检验。（5）环境规制对绿色经济增长影响存在环境分权、财政分权以及市场化程度的门槛效应。环境规制对绿色经济增长影响存在环境分权的双重门槛，当环境分权较低时，不利于发挥环境规制对绿色经济增长的促进作用；当环境分权适度时，有助于发挥环境规制对绿色经济增长的促进作用；当环境分权较高时，不利于发挥环境规制对绿色经济增长的促进作用。环境规制对绿色经济增长影响存在财政分权的单重门槛，当财政分权较低时，有助于发挥环境规制对绿色经济增长的促进作用；当财政分权较高时，不利于发挥环境规制对绿色经济增长的促进作用。环境规制对绿色经济增长影响存在市场化程度的单重门槛，当市场化程度较低时，不利于发挥环境规制对绿色经济增长的促进作用；当市场化程度较高时，有助于发挥环境规制对绿色经济增长的促进作用。

目　　录

第一章

绪　　论

第一节　选题背景与研究意义

一、选题背景

改革开放以来我国经济飞速发展，取得了辉煌的成就。从中国经济发展的总量角度来看，中国的国内生产总值（GDP）由 1978 年的3678.7 亿元增长到 2018 年的 896915.6 亿元；从人均产值角度来看，人均 GDP 从 1978 年的 385 元增到 2018 年的 64644 元。2010 年中国超越日本成为世界第二大经济体，2014 年中国 GDP 首次超越 10 万亿美元，约为 10.4 万亿美元，中国成为继美国之后第二个 GDP 迈入 10 万亿美元俱乐部的成员。但是中国经济取得辉煌成就的背后却是以牺牲巨大的环境为代价，中国的环境问题日益凸显，严重影响经济社会活动，减弱经济增长的效果。20 世纪 90 年代中期，中国社会科学院对环境污染方面的经济损失进行了估算，结果表明，1995 年由于环境污染与生态破坏给中国造成的经济损失高达 1875 亿元，占当年国民生产总值（GNP）的 3.27%。世界银行和中国国务院发展研究中心联合发布的《中国污染代价》（2007）报告显示，中国每年由于环境污染导致的经济损失值大概在6000亿～18000亿元人民币，占GDP的5.8%。原中国环保部环境规划院对环境污染损失进行了测算，结果表明，仅在2010年中国由于环境污染所造成的经济损失高达11000亿元，占当年GDP的3.5%。世界银行依据2013年的中国空气污染等相关数据进行了测算，结果表明，空气污染导致的经济损失占GDP的10%。虽然各研究机构测算环境污染对中国经济造成的损失尚未形成一致共识，但是从现有的研究可以发现，环境污染给中国造成的经济损失是巨大的。发达国家上百年经济发展过程中产生的环境问题在中国近几十年的经济发展过程中集中爆发，过去的经济发展模式已经难以推动中国经济持续健康发展，解决经济发展过程中的环境问题已成为关系人民福祉、中华民族可持续发展的重大战略问题。

党的十八大报告把生态文明建设纳入中国特色社会主义事业总体布局，并与政治建设、经济建设、社会建设、文化建设一起形成了五位一体的总体布局。十八届五中全会提出了"创新发展、协调发展、绿色发展、开放发展、共享发展"五大新发展理念，并将"绿色发展"作为五大发展理念的底色。2016年发布的"第十三个五年规划"中，在涉及发展的各领域和各环节中也无不体现着绿色发展的理念。习近平同志在十九大报告中指出，坚持人与自然和谐共生，必须树立和践行绿水青山就是金山银山的理念，坚持节约资源和保护环境的基本国策，像对待生命一样对待生态环境，统筹山水林田湖草系统治理，实行最严格的生态环境保护制度，形成绿色发展方式和生活方式。绿色经济增长作为绿色发展中的重要内容，强调在资源承载力和环境容量约束下实现经济与环境协调发展的一种新型经济增长方式，也是实现中国经济持续健康发展的重要途径。

1973年召开的第一次全国环境保护会议审议通过了《关于保护和改善环境的若干规定（试行草案）》，该文件是中国第一个具有法规性质的环境保护文件，中国环保事业的帷幕由此拉开。经过40多年的发展，中国逐渐颁布了《中华人民共和国大气污染防治法》《中华人民共和国土壤污染防治法》《中华人民共和国水污染防治法》《中华人民共和国固体废物污染环境防治法》等多项法律法规，特别是 2015 年实施的《中华人民共和国环境保护法》被称为"史上最严"的环境保护法律，环境规制法规体系不断完善。同时，环境保护领域中的命令控制型、市场激励型以及自愿型等环境规制工具也得到了快速发展。随着环境规制体系不断走向成熟，环境规制能否在解决环境问题的同时，成为转变经济增长方式的重要抓手呢？因此，探讨环境规制能否促进绿色经济增长以及如何促进绿色经济增长，对当前中国经济转型、实现中华民族永续发展具有重要意义。

二、研究意义

在环境污染对中国经济造成巨大损失的背景下，传统的粗放型增长方式难以实现中国经济持续健康发展，转变经济发展方式势在必行。绿色经济增长强调由以往高能耗高污染的粗放型经济发展方式向提高资源使用效率、降低污染排放、提高经济产出率的集约型经济发展方式转变，是实现中国经济持续健康发展的重要途径。而环境规制作为解决环境问题的重要手段，能否促进中国绿色经济增长，究竟通过何种路径影响绿色经济增长，以及现有的制度环境对环境规制与绿色经济增长之间的关系产生何种影响？对于这些问题的解答，有助于对环境规制与绿色经济增长之间的关系有更清晰更深入的认知，具有重要的理论与现实意义。

（一）理论意义

第一，本书从经济转型视角研究了环境规制对绿色经济增长的影响，有助于进一步丰富绿色经济增长方面的相关理论。

第二，本书从产业结构升级机制、技术创新机制以及外商直接投资机制三个方面揭示了环境规制对绿色经济增长影响的主要路径，进而有助于完善环境规制对绿色经济增长影响的相关机制理论。

第三，本书从制度环境视角出发选取了环境分权、财政分权以及市场化程度三个方面探讨了环境规制对绿色经济增长影响的门槛效应，进而有助于丰富环境规制对绿色经济增长影响的相关制度理论。

(二) 现实意义

第一，在生态文明建设思想的指导下，国家主张转变传统经济增长方式，提倡绿色经济增长，已解决经济增长过程中的环境问题，进而实现经济可持续发展。而目前有关环境规制对绿色经济增长的影响尚未形成一致的看法，因此，部分地方政府在制定并推行环境规制时，担心环境规制会对绿色经济增长产生不利影响，而放松环境规制。为更好地了解环境规制能否促进绿色经济增长，本书利用统计数据进行实证分析，从而坚定地方政府制定、执行环境规制的决心，进而促进当地绿色经济增长。

第二，中国幅员辽阔，各地区制度环境存在一定的差异，这种差异究竟会对环境规制与绿色经济增长之间关系产生何种影响？本书分别探讨了环境分权、财政分权以及市场化程度差异对环境规制与绿色经济增长之间关系的影响，从而为相关制度建设提供指导，有助于推进国家治理体系和治理能力现代化。

第二节　国内外研究现状及述评

一、环境规制与经济增长

第一，环境规制促进经济增长。马赞蒂和佐波莉（Mazzanti and Zoboli，2009）研究了意大利环境规制对 29 个部门的影响，并利用 1991～2001 年的数据进行实证分析，结果表明，环境规制能够促进大多数行业产出的增加。拉尼尔等（Lanoie et al.，2011）研究了环境法规、技术创新和业务绩效的关系，系统评估了波特假说的可信性，结果表明，环境法规的严格程度与环境创新、经济绩效有积极而显著的联系，即环境法规刺激了创新，而创新又进一步推动了业务绩效的提升。特斯塔等（Testa et al.，2011）研究了环境规制对建筑行业内企业绩效的影响，结果表明，环境规制能够增加相关企业对技术创新的支持力度，进而有助于企业绩效的提升。于庞（Pang Yu，2018）研究了环境规制对企业的影响，结果表明，政府干预和自愿规制都能促使不完全竞争企业采取集体行动来减少污染，这样不仅能够增加企业的利润，还能提高社会福利。原毅军等（2013）将环境规制分为投资型和费用型两类，研究了其对经济增长影响，结果表明，投资型环境规制能够显著促进经济增长，主要源于投资型环境规制能够促进生产率的提高。吴明琴等（2016）以"两控区"政策进行自然实验，通过倍差分析法对"两控区"政策与经济发展关系进行实证研究，结果表明，实施"两控区"政策的地区与"非两控区"政策的地区相比，更能促进当地经济发展，从而有助于实现环境保护与经济发展双赢的局面。张娟（2017）主要考察了环境规制对资源型城市经济增长的影响，结果表明，环境规制对资源型城市经济增长起促进作用，主要是由于环境规制能够促使经济资源从效益不佳的工业企业流向第三产业，同时也能够激发工业部门自身的创新潜力。何兴邦（2018）构造了环境规制强度综合指数和经济增长质量综合指数，并分析了环境规制对经济增长质量的影响，结果表明，环境规制能够促进经济增长质量的改善，并且环境规制对经济增长质量的影响存在门槛效应，随着环境规制强度不断增强，其对经济增长质量的促进效果更加显著。陶静等（2019）从结构、效率、稳定性和持续性四个方面构建经济增长质量指数，研究了环境规制对经济增长质量的影响，结果表明：从总体来看，环境规制强度的提升对中国经济增长质量具有显著的促进作用；从分维度指数来看，环境规制在一定程度上促进了经济增长质量效率维度和持续性维度的改善；从分地区来看，环境规制对中西部地区经济增长质量的促进作用更为明显。

第二，环境规制抑制经济增长。乔根森和威尔科克森（Jorgenson and Wilcoxen，1990）构建了一个包含长期经济增长决定因素的经济模型，他们通过模拟 1973～1985 年间有和没有环境法规影响下的经济增长，测算了环境法规对美国经济的影响，结果表明，环境法规每年使经济增长下降约 0.2%，如果没有这些规定，到 20 世纪 90 年代初，美国的 GNP 将增长约 2.5%。奥尔加和格热戈日（Olga and Grzegorz，2006）研究了波兰的环境规制与经济增长关系，结果表明，实施二氧化硫和氮氧化物的排放限制政策以后显著抑制了波兰的经济增长。莱文森和泰勒（Levinson and Taylor，2008）研究发现，在环境规制背景下，因污染治理费用的增加和生产要素价格的上涨，企业生产成本上升，挤占了研发支出，阻碍了企业的技术创新，从而不利于经济的增长。黄清煌等（2016）研究了环境规制对经济增长的影响，结果表明，环境规制对经济增长数量存在显著的抑制效应，并且这种影响不存在地区差异。产生这种现象的主要原因是环境规制挤占企业的生产性投资，造成企业生产成本增加，进而抑制了经济增长数量的提升。同时，在"逐底竞争假说"作用下，地方政府通过降低本地区环境规制强度吸引外资进入，在增加本地区产出的同时，降低了其他地区的产出。范庆泉等（2018）研究了环境税和减排补贴对经济增长的影响，结果表明，单独实施环境税会造成对企业污染减排动力的激励不足、环境污染得不到有效的治理，从而会造成较高的生产效率损失和社会福利损失，过高的减排补贴在长期范围内会造成资源错配，不利于经济增长。孙玉阳等（2019）研究了环境规制对经济增长质量的影响，结果表明，当前的市场激励型环境规制抑制了经济增长质量的提升。这主要是因为一方面现有的排污费调整滞后，导致排污费征收标准较低，使排污费的作用难以得到有效发挥；另一方面排污费的减排激励不足，不利于企业进行节能减排技术的研发，进而抑制经济增长质量的提升。

第三，环境规制与经济增长呈不确定性关系。克劳斯和迪泰（Klaus and Diter，1995）将遵守环境法规视为一种与生产资料输入有关的非生产性投入，衡量了环境规制对经济增长的影响，结果表明，环境规制会随着时间和污染效应的密集度对经济增长有不确定的影响。蒂姆等（Timo et al.，2009）运用动态应用一般均衡模型解释环境法规对经济增长的影响，结果表明，环境规制有明显的长短期效应。在短期内，环境法规对经济的影响表现为负向效应；长期来看，环境法规对经济的影响表现为由负向效应向正向效应转变。熊艳（2011）采用"纵横向"拉开档次法计算环境规制强度指数，研究了环境规制对经济增长的影响，结果表明，两者之间呈现正"U"型关系，短期内环境规制阻碍经济增长，长期内环境规制对经济增长起促进作用。李胜兰等（2014）研究了环境规制对经济增长的影响，结果表明，从全国来看，环境规制与经济增长不存在统计意义上显著关系。从区域来看，在东部地区两者之间呈现倒"U"型关系，在中部地区两者之间呈现正"U"型关系，在西部地区两者之间在立法层面上具有正"U"型特征。钟茂初等（2017）通过联立方程组模型检验了环境规制的内生性问题，结果表明，以工业产值污染排放量作为环境规制指标时，其与经济发展水平呈现显著的倒"U"型关系。即在拐点左侧，单位工业产值污染排放规制促进了经济发展水平的提升，而在拐点右侧，单位工业产值污染排放规制抑制了经济发展水平的提升。孙英杰等（2018）将环境规制分为投资型环境规制与费用型环境规制，分别检验了其对经济增长质量的影响，研究发现，两种类型环境规制均与经济增长质量呈现倒"U"型关系，即当环境规制较弱时，能够促进经济增长质量的提升，而当环境规制超过拐点以后，则抑制经济增长质量的提升。

二、环境规制与全要素生产率

第一，环境规制促进全要素生产率。波特和范德（Porter and Vander，1995）认为适当的环境规制可以促使企业进行更多的创新活动，而这些创新活动能够提升企业的全要素生产率。伯曼和布伊（Berman and Bui，2001）研究了洛杉矶南海岸的空气污染法规对炼油厂生产率的影响，结果表明，随着严格的污染法规落实，洛杉矶地区的炼油厂的生产率大幅上升。布鲁斯和韦伯（Bruce and Weber，2004）研究了美国环境规制对化工行业全要素生产率的影响，结果表明，环境规制能够显著地提升化工行业的全要素生产率。雅娜等（Yana et al.，2015）研究了环境政策对欧洲17个国家的制造业全要素生产率的影响，结果表明，污染减排和控制支出的环境政策对创新活动产生了积极影响，进而有助于提高制造业全要素生产率。安德森（Andersen，2018）构建了包含异质性企业的多部门一般均衡模型，研究环境政策对企业生产率的影响，结果表明，环境规制会导致生产性资源向高生产率企业配置，进而提升行业平均生产率。张成等（2010）利用协整检验、格兰杰因果检验以及建立误差修正模型，检验了环境规制与工业行业全要素生产率的关系，结果表明，两者之间存在长期稳定关系，环境规制是工业行业全要素生产率增长的格兰杰成因，环境规制强度的提升促进了工业行业全要素生产率的增长，并且在长期范围内这种促进效果更加明显。朱智洺等（2015）研究了碳排放规制对中国工业行业全要素生产率的影响，结果表明，碳排放规制越强，越能够促进工业行业全要素生产率的提升，具体表现在：在弱碳排放规制下的工业行业全要素生产率相对于无碳排放规制情况下增长 1.62%；在强碳排放规制下的工业行业全要素生产率相对于无碳排放规制情况下增长 1.98%。任胜钢等（2019）利用准自然实验方法检验了二氧化硫排污权交易制度对企业的全要素生产率的影响，研究发现，二氧化硫排污权交易制度显著提升了企业全要素生产率；进一步研究发现，二氧化硫排污权交易制度主要是通过改善资源配置效率和提升技术创新水平两个方面作用于全要素生产率的。

第二，环境规制抑制全要素生产率。古洛浦和罗伯特（Gollop and Robert，1983）研究了美国环境规制对电力行业生产率的影响，结果表明，环境规制导致了电力行业的发电成本显著提高，进而降低了电力行业平均生产率。格林斯通等（Greenstone et al.，2012）研究了美国的空气质量管制对制造业全要素生产率的影响，结果表明，严格的空气质量管制导致制造业全要素生产率下降 2.6%。亚布里茨奥等 （Albrizio et al.，2017） 主要研究了经济合作与发展组织（OECD）成员方的环境政策对工业企业全要素生产率增长影响，结果表明，环境政策将抑制低效率企业全要素生产率的提升。李春米等（2014）研究了西北五省区的环境规制对工业全要素生产率的影响，结果表明，环境规制降低了该区域的工业全要素生产率，环境规制强度每提高 1%，将降低工业全要素生产率 0.038%。王彦皓（2017）利用中国工业企业数据库和地级市层面的企业治污投资数据库研究了环境规制对企业生产率的影响，结果表明，环境规制强度每上升 1 个百分点，企业当期的生产率下降约 1 个百分点。张建清等（2019）研究了环境规制对长江中上游的制造业企业全要素生产率的影响，结果表明，环境规制与长江中上游的制造业企业全要素生产率呈现显著的负相关关系，即环境规制强度提升降低了长江中上游的制造业企业全要素生产率。其主要原因可能是长江中上游传统型制造业占比较高，环境因素在这些企业的全要素生产率中占比较高，环境规制加强可能对这部分企业产生不利影响。王勇等（2019）基于中国工业企业微观数据研究了环境规制对企业生产率的影响，结果表明，环境规制显著抑制了企业生产率增长，环境规制强度每提高 1%，分别导致用 LP 法计算的企业生产率增长下降 3.8%，用 OP 法计算的企业生产率增长下降 1.23%。进一步研究发现，环境规制对企业生产率的负向影响主要是因为增加的企业生产成本挤占了研发资金，企业的创新补偿效应没有得到有效的发挥。

第三，环境规制与全要素生产率呈不确定关系。拉尼尔和帕特里（Lanoie and Patry，2008）研究了加拿大魁北克地区的环境规制对制造业的影响，结果表明，在短期内环境规制抑制制造业全要素生产率的提升，从长期中看，环境规制显著提升制造业全要素生产率。贝克尔（Becker，2011）研究了美国环境管制对制造业企业全要素生产率的影响，结果表明，环境规制无论是对遵从成本高的企业还是一般企业的全要素生产率都不具有统计意义上的显著关系。波伊克特（Peuckert，2014）研究认为尽管环境规制会增加企业负担，短期内对企业全要素生产率产生消极作用，但随着环保技术的开发和应用，长期来看则是有益的。哈里森等（Harrison et al.，2015）研究碳排放控制政策对企业全要素生产率的影响，结果表明，碳排放控制政策在环境治理方面取得良好的效果，但对相关企业全要素生产率几乎没有什么影响。约翰斯通等（Johnstone et al.，2017）利用20个国家的数据研究了环境法规对火电厂全要素生产率的影响，结果表明，适当的环境法规对提升企业全要素生产率起促进作用，而一旦超过一定阈值，环境法规对企业全要素生产率起抑制作用。王杰等（2014）研究了环境规制对企业全要素生产率的影响，结果表明，两者之间存在倒"N"型关系：环境规制强度较弱时，抑制了企业全要生产率的提升；环境规制强度适度时，促进了企业全要生产率的提升；而环境规制强度过高时，又抑制了全要素生产率提升。其主要原因是环境规制强度较弱时，企业环境成本较低，对企业的技术创新激励不够；环境规制强度适度时，能够激发企业进行技术创新，产生"创新补偿效应"；而环境规制强度过高时，便给企业造成过重的负担，进而导致全要素生产率下降。刘和旺等（2016）研究了环境规制对企业全要素生产率的影响，结果表明，两者之间呈现倒"U"型关系：当环境规制处在适度范围内，随着环境规制强度的提升，企业的全要素生产率也不断提升；而当环境规制超过一定限度，环境规制的提升会导致全要素生产率的下降。汤学良等（2019）利用《万家企业节能低碳行动实施方案》进行准自然实验，研究了环境规制对中国工业企业全要素生产率的影响，结果表明，两者之间呈现"N"型关系。进一步分析发现，环境规制对企业全要素生产率的影响效果主要受直接成本效应和间接创新效用两种因素共同作用影响。

三、环境规制与绿色全要素生产率

第一，环境规制促进绿色全要素生产率。维韦克等（Vivek et al.，2019）选取了瑞典各行业中对大气和水污染比较严重的造纸业为对象，研究了环境规制对瑞典造纸业绿色全要素生产率的影响，结果表明，环境规制能够显著地提升造纸业的绿色全要素生产率。陈玉龙等（2017）研究了环境规制对绿色全要素生产率的影响，以验证波特假说在中国的适应性，结果表明，波特假说的成立与环境规制的类型和强度密切相关，投资型环境规制在较低强度范围内能够促进工业绿色全要生产率的提升，而费用型环境规制只有超过一定强度时才能有效促进工业绿色全要素生产率的提升。傅京燕等（2018）研究发现，环境规制不仅直接对绿色全要素生产率的提升产生促进作用，而且能够始终正向调节外商直接投资对绿色全要素生产率的影响。温湖炜等（2019）以排污费征收标准调整进行准自然实验，采用双重差分的方法检验市场激励型环境规制对绿色全要生产率的影响，结果表明，环境规制显著促进绿色全要素生产率的提升，支持了"波特假说"。而差别化的排污费征收更能促进绿色全要素生产率的提升。同时，排污费的征收政策存在一定滞后性，并且在政策实施以后的 2 ~ 5 年对提升绿色全要素生产率效果更明显。

第二，环境规制抑制绿色全要素生产率。陈超凡（2016）在分析中国工业绿色全要素生产率影响因素时发现，环境规制抑制了工业绿色全要素生产率，这主要是因为环境规制对工业绿色全要素生产率产生的"遵从成本"效应大于"创新补偿"效应。黄庆华等（2018）研究了环境规制对绿色全要素生产率的影响，结果表明，从长期来看，环境规制抑制了绿色全要素生产率的提升，主要原因是环境规制政策具有滞后性等特点，导致陈旧的环境规制政策难以有效促进绿色全要素生产率的提升，同时还可能会导致企业通过扩大生产规模等方式降低环境成本，从而加剧了环境状况的恶化。李卫兵等（2019）利用两控区政策进行准自然实验，采用倾向得分匹配与双重差分相结合的方法评估两控区政策对绿色全要素生产率的影响，结果表明，两控区政策显著地抑制了绿色全要素生产率的提升。

第三，环境规制与绿色全要素生产率呈不确定性关系。罗纳德和格雷（Ronald and Gray，2005）测算了减排成本对包含环境负产出的生产率的影响，结果表明，减排成本对具有不同生产技术水平的部门包含环境负产出的生产率的影响没有显著差别。王艳和沈能（Wang and Shen，2016）在测算中国工业行业绿色全要素生产率的基础上，研究了环境规制对绿色全要素生产率的影响，结果表明，环境规制强度与绿色全要素生产率呈现倒"U"型关系。李玲等（2012）研究了环境规制对不同污染程度产业绿色全要素生产率的影响，结果表明，在重度污染产业中，环境规制促进了绿色全要素生产率的提升；在中度污染产业中，环境规制与绿色全要素生产率呈现"U"型关系；在轻度污染产业中，环境规制与绿色全要素生产率也呈现"U"型关系。陈菁泉等（2016）研究了不同区域环境规制对工业行业环境全要素生产率的影响，结果表明，东中西部地区的环境规制与工业行业的环境全要素生产率呈现"U"型关系，即随着环境强度的提升，工业行业的环境全要素生产率呈现先下降后上升的趋势，并且东部地区比中西部地区更早到达拐点。到达拐点以后，东部地区环境规制对环境全要素生产的影响要高于中西部地区。蔡乌赶等（2017）研究了不同类型环境规制对绿色全要素生产率的影响，结果表明，命令控制型环境规制与绿色全要素生产率呈现不显著的倒"U"型关系，市场激励型环境规制与绿色全要素生产率呈现显著的倒"U"型关系，自愿协议型环境规制与绿色全要素生产率呈现"U"型关系。李鹏升等（2019）研究了环境规制的动态绿色全要素生产率效应，结果表明，环境规制对绿色全要素生产率的影响在短期内呈抑制作用，而长期内呈促进作用，并且环境规制对绿色全要素生产率的影响还会受到企业议价能力影，企业议价能力越强，环境规制对绿色全要素生产率影响就越弱。

四、环境规制与绿色经济增长

第一，环境规制促进绿色经济增长。兰博蒂尼等（Lambertini et al.，2015）研究发现，在不完全竞争行业以及消费者环境意识较弱背景下，环境规制可以通过市场配置方式促进企业的绿色发展。安德烈等（Andrei et al.，2016）研究了罗马尼亚的环境税收对其环境污染以及国内生产总值的影响，结果表明，环境税收不但抑制环境污染，而且能够促进国内生产总值的增加，进而促进当地的可持续发展。张江雪等（2015）构建了工业绿色增长指数，研究环境规制对工业绿色增长指数影响，结果表明，在高、中绿化度地区，市场型环境规制对工业绿色增长促进效果更为显著，而在低绿化度地区，行政型环境规制对工业绿色增长促进效果更为显著。傅京燕等（2018）采用双重差分法和双重差分倾向性得分匹配法实证检验了中国二氧化硫排污权交易对绿色发展的影响及其作用机制，结果表明，二氧化硫排污权交易促进了绿色发展，在一定程度上验证了波特假说的存在，此外还发现，中国二氧化硫排污权交易主要是通过提升研发强度这一途径来实现对绿色发展的促进作用。张峰等（2019）研究了环境规制对绿色经济增长的影响，结果表明，在长期范围内环境规制显著推动了绿色经济增长，但其后期可发挥的正向效应可能会趋于平缓。

第二，环境规制抑制绿色经济增长。赵树清等（Zhao S. et al.，2019）研究了环境规制对绿色经济的影响，结果表明，环境规制对绿色经济增长具有负向调节效应。谢婷婷等（2019）研究发现环境规制抑制了绿色经济增长。这主要是因为中国现阶段的环境规制增加了企业的治污成本，降低了企业利润，挤占了企业的研发资金，不利于企业的技术创新，进而抑制了绿色经济增长。黄磊等（2019）研究发现环境规制与长江经济带城市工业绿色发展效率存在负向空间溢出效应，特别是在中下游地区尤为明显，环境规制强度提高会使污染型工业企业向邻近地区转移，不利于邻近地区的绿色发展。李卫兵等（2019）利用双重差分与倾向得分匹配相结合的方法考察了排污收费制对绿色发展的影响，结果表明，排污费提高显著地抑制绿色发展，特别是在技术水平较低、第二产业比重较高的地区，抑制作用更为明显。

第三，环境规制与绿色经济增长呈不确定性关系。马切洛（Manello，2017）采用方向距离函数（DDF）测算德国和意大利两国化工企业的全要素生产率和污染效率得分，在此基础上分析了环境规制对化工企业的影响，研究发现：短期内环境规制增加了偏向绿色生产方式企业的成本，企业业绩表现较差；而长期内，德国和意大利两国的化工企业均具有良好的环境与经济绩效。韩晶等（2017）采用绿色全要素生产率表征经济绿色发展水平，研究发现，环境规制与经济绿色增长呈现"U"型关系，环境规制主要通过清洁收益效应和产品结构效应实现经济绿色增长从"遵从成本"到"创新补偿"的转变。张英浩等（2019）构建了绿色经济效率指数，研究环境规制对绿色经济效率的影响，结果表明，环境规制与绿色经济效率呈现倒"U"型关系，即当环境规制处于适度范围内，能够有效提升绿色经济效率，当环境规制超过一定范围，反而抑制了绿色经济效率提升。分地区来看，东部地区环境规制抑制了绿色经济效率提升，中西部地区环境规制促进绿色经济效率的提升。杨仁发等（2019）研究了环境规制对中国工业绿色发展的影响，结果表明，从整体来看，环境规制与中国工业绿色发展水平之间呈"U"型关系，即环境规制对工业绿色发展呈现先抑制后促进的作用。分地区来看，东部地区环境规制与工业绿色发展呈现显著正相关关系，而中西部地区环境规制与工业绿色发展呈现显著的"U"型关系。

五、研究述评

现有文献对环境规制与经济增长、环境规制与全要素生产率、环境规制与绿色经济增长、环境规制与绿色全要素生产率做了大量的探讨，其相关研究实质上均是对波特假说的一种检验。通过文献梳理可知，前期成果多关注环境规制与经济增长、环境规制与全要素生产率之间的关系，并且国内外学者都取得了丰富的研究成果。而近期对环境规制与绿色经济增长、环境规制与绿色全要素生产率之间关系研究逐渐增多，其中国内学者在此方面研究成果较为丰富，而国外学者对此方面研究成果较少。现有文献中对几者之间关系尚未形成一致的观点，造成这种现象的主要原因既可能由于研究的视角、选取的指标不同导致其研究结论的不同，也可能由于各地区经济发展处于不同阶段，行政管理和自然条件巨大的差异造成的研究结论的不同。现有文献为本书开展相关研究奠定了基础，但现有文献仍然存在以下值得改进的地方：

第一，注重对关系的研究，忽略了对传导机制的探讨。国内外学者对环境规制与经济增长、环境规制与全要素生产率、环境规制与绿色经济增长以及环境规制与绿色全要素生产率之间的促进关系、抑制关系和不确定关系等做了大量的探讨，但是较少有文章对两者之间传导机制进行研究，特别是环境规制对绿色经济增长影响的传导机制研究更少。因此，本书探讨了环境规制对绿色经济增长影响的传导机制，从而有助于更深入全面地理解环境规制对绿色经济增长影响的主要渠道。

第二，忽略了制度环境差异对两者之间关系的影响。从现有研究可以发现，多数学者关注的是地区、行业、时期等方面的差异对环境规制与经济增长、环境规制与全要素生产率、环境规制与绿色经济增长以及环境规制与绿色全要素生产率之间关系的影响，而较少有学者从制度环境差异角度对它们之间的关系进行探讨，特别是制度环境差异如何影响环境规制与绿色经济增长的关系。因此，本书探讨了制度环境差异对环境规制与绿色经济增长关系的影响，从而有助于了解相关制度在不同水平下究竟对环境规制与绿色经济增长之间的关系产生何种影响。

第三，绿色经济增长衡量有待优化。经济增长和全要素生产率未将环境污染等因素纳入其中，不能准确反映出绿色经济增长状况，以此为基础研究环境规制对经济增长的影响，可能会导致研究结论的偏差，而绿色全要素能将环境污染等因素纳入其中，能够相对准确反映绿色经济增长状况，但是现有计算绿色全要素生产率大都采用 DEA 模型或 SBM 模型，DEA 模型不能很好地处理非期望产出，忽略了投入产出松弛的问题，而 SBM 模型不能处理投入产出同时具有径向与非径向的问题，也容易导致研究结论的偏差。因此，本书采用更为先进的 EBM 模型进行测算，从而能够准确衡量绿色经济增长状况。

第三节 研究方法与研究思路

一、研究方法

本书主要采用比较分析法、定性分析与定量分析相结合以及理论分析与实证检验相结合的研究方法对环境规制实施效果、绿色经济增长状况以及环境规制对绿色经济增长的影响进行较为全面深入系统研究。

第一，理论分析与实证检验相结合。本书在对国内外有关环境规制与绿色经济增长等相关文献梳理的基础上，结合环境规制与绿色经济增长等相关理论，构建了环境规制与绿色经济增长的模型，提出了环境规制对绿色经济增长的传导机制等研究假设，并对以上假说进行了实证检验。通过理论分析与实证检验相结合，本书试图对环境规制与绿色经济增长之间的关系进行科学合理的评估与判断。

第二，定性分析与定量分析研究相结合。本书不仅对环境规制对绿色经济增长影响、传导机制以及门槛效应进行了定性分析，并利用省级面板数据以及相关统计方法对绿色经济增长状况、环境规制对绿色经济增长直接影响、传导机制以及门槛效应进行了定量描述。本书通过定性分析与定量描述相结合，全面了解环境规制与绿色经济增长之间的关系。

第三，比较分析法。本书分别从全国和区域两个角度介绍了大气、水和固体废弃物中的污染物排放量以及单位 GDP 污染物排放量状况，并从时间和区域两个维度分别对污染物排放量和单位 GDP 污染物排放量进行比较分析，从而反映全国以及不同区域环境规制实施效果。本书介绍了绿色经济增长计算的参数方法与非参数方法，并在对各种计算方法比较的基础上选取了 EBM 模型作为本书的测算模型。

本书也从时间和区域两个维度分别对绿色经济增长以及收敛性进行比较分析，试图对全国以及不同区域的绿色经济增长状况进行全面说明。

二、研究思路

本书围绕着环境规制对绿色经济增长影响这一核心主题开展研究。首先，对国内外相关文献进行梳理，同时对环境规制以及绿色经济增长概念进行清晰界定，并对环境规制与绿色经济增长的相关理论基础进行说明。其次，对环境规制以及绿色经济增长状况进行详细描述。再次，从环境规制对绿色经济增长的直接影响、传导机制以及门槛效应三个方面进行理论分析与实证检验。最后，在理论分析与实证检验的基础上，提出科学合理的对策建议。本书具体结构与内容安排如下：

第一章，绪论。首先，介绍文章研究背景，在此基础上提出研究问题，并明确此研究意义。其次，对环境规制与经济增长、环境规制与全要素生产率、环境规制与绿色全要素生产率以及环境规制与绿色经济增长四个方面的国内国外相关文献进行了梳理，并在此基础上进行述评。再次，介绍本书所使用的研究方法以及对本书研究思路进行概括性说明。最后，介绍本书研究创新点与不足之处。

第二章，概念界定及理论基础。首先，对以往关于环境规制以及绿色经济增长的内涵进行梳理，并在此基础上对环境规制以及绿色经济增长的概念进行界定。其次，对市场失灵理论、经济增长理论、新制度主义理论进行详细介绍，各个理论之间密切关联，共同构成了研究的理论基础。

第三章，环境规制变迁、工具及效果分析。首先，将环境规制的发展历程进行划分，并阐述每个发展阶段的主要内容。其次，详细阐述了命令控制型、市场激励型以及自愿型环境规制中经常使用的工具，阐述不同类型环境规制的优缺点。最后，从全国和区域两个角度介绍了大气、水和固体废弃物中的污染物排放量以及单位 GDP 污染物排放量，进而反映环境规制实施效果。

第四章，绿色经济增长测算、现状及收敛分析。首先，从参数方法和非参数方法两方面对绿色经济增长的具体测量方法进行详细的介绍。其次，分析了全国以及区域绿色经济增长的变化趋势，并对绿色经济增长进行分解，从而明确绿色经济增长水平上升或下降的原因。最后，从δ收敛、绝对β收敛以及条件β收敛三个方面对全国以及区域绿色经济增长的收敛性进行检验。

第五章，环境规制对绿色经济增长的直接影响分析。首先，构建环境规制对绿色经济增长影响的理论模型。其次，采用动态系统GMM估计方法实证检验了环境规制对绿色经济增长的影响。最后，采用不同方法检验了环境规制对绿色经济增长影响的稳健性。

第六章，环境规制对绿色经济增长影响的传导机制分析。首先，从理论层面分析了环境规制通过产业结构升级、技术创新以及外商直接投资对绿色经济增长的影响，并提研究假设。其次，在借鉴相关学者研究的基础上，采用交互项模型实证检验了环境规制通过产业结构升级、技术创新以及外商直接投资对绿色经济增长的影响。最后，检验了环境规制对绿色经济增长的传导机制稳健性。

第七章，环境规制对绿色经济增长影响的门槛效应分析。首先，从理论层面分析了环境规制对绿色经济增长影响的环境分权、财政分权、市场化程度门槛效应。其次，采用门槛回归模型实证检验了环境规制对绿色经济增长影响的环境分权、财政分权、市场化程度门槛效应。

第八章，结论与政策建议。根据前文的理论分析与实证检验提炼出本书的研究结论，并从深化环境规制变革、提升环境治理能力，增强经济转型动力、转变经济增长方式以及加强制度建设、提升制度保障能力三个方面提出合理化建议。

环境规制对绿色经济增长影响研究的技术路线如图1-1所示。

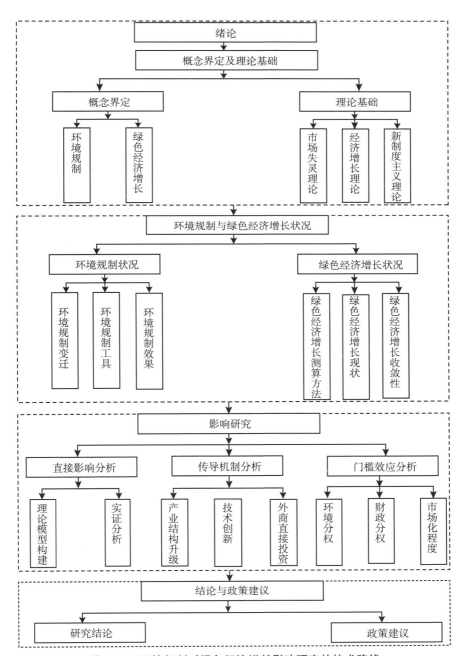

图 1−1 环境规制对绿色经济增长影响研究的技术路线

第四节　研究创新与不足

一、研究创新

（1）研究视角创新。传统的经济增长往往强调的是 GDP、人均 GDP 或全要素生产率，但是这种经济增长并没有将环境污染等因素纳入其中，由此得出的结论可能与现实相偏离。而绿色经济增长强调将环境污染等因素纳入其中，不仅能够反映经济增长的真实情况，而且能够准确反映环境规制对经济增长真实的影响。

（2）研究内容创新。一是从产业结构升级、技术创新以及外商直接投资三个层面，分析环境规制对绿色经济增长影响的主要渠道，从而有助于了解环境规制对绿色经济增长的传导机制。二是从制度环境视角选取环境分权、财政分权以及市场化程度三个层面，分析环境规制对绿色经济增长影响的门槛效应，从而有助于理解制度环境差异对环境规制与绿色经济增长之间关系的影响。

（3）研究方法创新。为了能更准确地反映绿色经济增长状况，本书采用非参数混合径向 EBM 模型和与此相适应的曼奎斯特—伦伯格（Malmquist－Luenberger）指数对绿色经济增长状况进行准确的衡量。同时为了能更准确地对制度环境差异进行划分，本书采用门槛模型确定相关制度变量的门槛数量以及相应门槛值，从而对相关制度变量差异进行科学划分。

二、研究不足

（1）鉴于对环境规制和绿色经济增长无法进行直接衡量，只能采用替代指标进行衡量，而在选择替代指标时，本书仍然采用目前常用的衡量方法，未能在此方面有所突破。

（2）由于环境规制和经济发展存在阶段性特征，在不同发展阶段环境规制对经济增长的影响也有所不同，本书未能对此问题展开全面细致的研究，需要在今后的研究中继续探索。

第二章

概念界定及理论基础

第一节　概念界定

一、环境规制

规制一词源于英文的"regulation"或"regulatory constraint"，后在日文中以"规制"一词广为应用，意指通过法律、规章制度等手段来施加约束或制约，有时也被称为"管制"或"监管"。施蒂格勒将规制定义为：满足利益集团的要求而设计和实施的一种强制权。规制主要包括：公共规制和私人规制。植草益将公共规制定义为：社会公共机构通过一系列规则对特定经济主体和特定社会人的活动进行限制的行为。公共规制按照职能划分为经济性规制和社会性规制。其中经济性规制主要是对垄断部门或信息不对称行业进行的规范或限制；而社会性规制则是对涉及公众安全和健康的产品质量、公共卫生或环境污染等特定行为进行规范和约束。传统规制理论认为，环境规制既是一种社会性规制，也是一种经济性规制，其不仅能够纠正环境负外部性，还能够影响资源配置效率。而目前对环境规制（environmental regulation）尚无一个权威的定义。对环境规制内涵的界定最早表述为：政府为了保护生态环境、预防和控制污染排放，通过采取禁令、颁发污染许可证等一系列方式干预或约束市场主体经济活动的一种行为。此时，政府对环境保护领域的规制体现为直接干预，市场没有发挥作用，企业与公众难以参与其中。随着市场经济的快速发展，排污收费、环境税以及排污权交易等市场化手段得以运用，取得了良好的效果。市场在环境规制领域所发挥的作用不断得到重视，使环境规制外延不断拓展，环境规制手段不断丰富。环境规制逐渐演变成传统命令控制型与市场激励型相结合的模式，干预方式也从传统的直接干预方式向直接干预与间接干预相结合的方向转变。20世纪90年代以来，随着生态标签、环境认证、自愿协议的实施，公众环境保护意识及参与度的日趋提高，以及环保非政府组织（NGO）的快速发展，自愿型环境规制所发挥的作用越来越大。因此，环境规制的内涵得到进了一步的发展和完善，环境规制逐渐演变成命令控制型、市场激励型以及自愿型环境规制相结合的模式。

国内学者也从不同视角对环境规制的内涵加以界定。赵玉民等（2009）从社会性规制以及规制的功能两方面出发，将环境规制定义为：通过有形制度和无形意识对个人或组织进行约束，进而实现环境保护的目的。张红凤（2012）将环境规制定义为：由于环境污染的负外部性存在，政府通过制定政策与措施调节微观经济主体的活动，以实现经济发展与环境保护双赢的目标。赵敏（2013）将环境规制定义为：为纠正环境污染的负外部性，政府通过多种规制手段对微观主体的经济活动进行调节，进而影响市场资源配置，最终实现环境与经济协调发展的目的，实现社会福利最大化。张华（2014）将环境规制定义为：由于企业的生产经营活动产生的环境污染具有外部不经济性，政府通过制定政策与措施调节企业的生产经营活动，从而实现环境保护与经济发展双赢目标。

本书将环境规制界定为：由于环境的负外部性以及环境公共物品属性，政府通过制定相应的政策与措施，充分调动社会各方面力量共同参与，依靠直接或间接的规制手段对微观经济主体的经济活动进行调节，实现经济与环境协调发展的目标。

二、绿色经济增长

在全球可持续发展的背景下，以往的 GDP 指标已经很难反映一国真实的经济增长水平。1987 年，世界环境与发展委员会首次提出"可持续发展"概念，即"既满足当代人的需求，而又不损害后代人满足其需求的能力的发展"。2012 年在巴西里约热内卢召开了联合国可持续发展大会（"里约 + 20"峰会）首次探讨了"绿色经济"的概念，强调以可持续发展为核心的绿色经济应该能够实现生态系统建设、提升社会包容性以及经济增长协同发展。绿色经济在传统经济的基础上将环境、社会福利等因素纳入其中，从而更能反映一国或一个地区真实的经济状况，绿色经济的提出在经济社会发展史上具有标志性意义。此后，国际社会开始广泛关注"绿色经济"，各个国家根据自身的实际情况推出"绿色新政"，探索绿色经济增长模式。但是国际上对绿色经济增长内涵以及测量指标尚未形成统一看法。经济合作与发展组织（2011）强调要在促进经济增长与发展的同时确保自然资产能够不断提供人类福祉不可或缺的资源以及保持良好的生态环境。联合国可持续发展委员会（2012）强调要在加强自然资源的管理、促进经济增长的同时，提高资源使用效率，降低污染排放。联合国环境规划署（2011）强调最大限度地降低对生态环境系统的破坏，不断提高人类福祉和社会公平的经济。欧洲环境局（2012）强调要在维持自然系统的同时，创造产出的经济。欧盟委员会（2011）强调要在自然资源得到充分利用的基础上，在经济发展过程中更加注重提升社会福利与增强人民的幸福度的经济。经济合作与发展组织（2011）、联合国可持续发展委员会（2012）都强调绿色经济增长应该包括资源可持续利用、环境保护以及经济增长三个方面。因此，这三个方面也是衡量绿色经济的主要指标。联合国环境规划署（2011，2012）强调绿色经济增长不但包括环境、能源以及经济三个方面，还应加入社会公正以及人民幸福感等方面，其内涵更丰富。欧盟委员会（2011）强调在实现经济、能源与环境协调发展的基础上更加注重社会保障系统建设，进而提升社会发展的弹性。欧洲环境局（2012）认为绿色经济增长应该包括社会公平度、资源效率性以及生态系统弹性三方面指标。

国内很多学者对绿色经济增长有不同的看法。彭红斌（2002）将绿色经济增长定义为：能够实现环境、社会与经济协调发展的一种健康、科学的经济增长方式。张旭等（2016）将绿色经济增长定义为：旨在通过制度安排和技术创新实现消费与生产模式变革，进而实现环境友好、资源节约以及社会包容与和谐的经济增长。高明等（2018）将绿色经济增长定义为：存在于生态环境容量及资源承载力以内的约束性经济增长方式。卢阳（2019）将绿色经济增长定义为：在保持经济平稳发展的基础上，积极开展节能减排、资源节约、产业转型等战略规划及实施，全力打造环境友好型生产消费模式，推动可持续性发展。

本书将绿色经济增长界定为：是以生态环境容量和资源承载力为基础，在经济发展过程中提高资源使用效率，降低污染排放，提高经济产出率，实现经济与环境协调发展的一种经济增长方式。其本质上就是提高绿色全要素生产率。

第二节　理　论　基　础

一、市场失灵理论

（一）外部性理论

外部性是指一个人或组织的决策与行动造成其他人或组织利益增加或减少的情况。经济的外部性是指某个经济实体的行为使他人受益或受损，却不会因之得到补偿或付出代价。具体分为正外部性和负外部性。其中，正外部性强调经济主体的经济活动增加其他经济主体收益，则该经济主体得不到任何补偿。负外部性强调经济主体的经济活动减少了其他经济主体收益，则该经济主体无须支付任何费用。外部性的概念最早是由马歇尔在《经济学原理》一书中提出的。庇古在《福利经济学》一书中将外部性问题进一步完善。庇古建立起外部性理论，并主要用边际分析方法对外部性进行分析。他认为负外部性主要是由于经济主体的边际私人成本小于边际社会成本引起的。正外部性主要是由于经济主体的边际私人收益小于边际社会收益所引起的。由于外部性的存在，单纯依靠市场机制是难以实现社会福利最大化。因此，政府应采取适当的政策措施消除外部性。当边际私人收益小于边际社会收益时，政府可以采用奖励或补贴等措施，而当边际私人成本小于边际社会成本时，政府可以采取征税等措施，从而消除边际私人成本（收益）与边际社会成本（收益）的差异，实现社会福利最大化。

（二）公共物品理论

萨缪尔森（Samuelson）是最早利用现代经济对公共物品进行理论研究的，他在《公共支出的纯理论》中将公共物品定义为：当一个人消费一种产品时，并不会减少其他人对该商品的消费。在此基础上，经马斯格雷夫（Musgrave）等人的进一步研究和完善，逐步形成了公共物品的两大特性：一是消费的非排他性，其强调一个人消费产品时，无法排除他人也同时消费这类产品，典型的例子如普通公路，如你走在一条公路上，你无法排除其他人也走这条公路；二是消费的非竞争性，其强调一个人消费产品时，并不会减少该产品对其他人的供应，即增加的消费者的边际成本为零，典型的例子如国防，尽管人口数量往往处于不断增长的状况，但没有任何人会因此而减少其所享受的国防安全保障。与公共物品相对应的是私人物品。私人物品具有排他性与竞争性特点，例如吃饭穿衣。由于公共物品的产权难以有效界定，便会产生"公地悲剧"等现象。因此，单纯依靠市场机制是难以实现公共物品的有效配置。

二、经济增长理论

（一）古典增长理论

古典增长理论主要研究的是资本、劳动与产出的关系。其代表人物主要包括亚当·斯密、李嘉图和马尔萨斯等。亚当·斯密在《国富论》一书中对经济增长的原因进行了详细阐述，并认为劳动生产率以及劳动者的数量能够促进经济增长，其中劳动生产率对经济增长的促进作用更突出。劳动生产率提升主要源于专业化分工，其原因可以概括为三点：一是专业化分工能够增强劳动者的操作技能，而操作技能提升有助于提高劳动生产率；二是专业化分工有助于减少劳动者在不同工作上的转换，进而能够提升劳动者的有效工作时间，减少无效工作时间；三是一些机械的发明能够简化劳动和缩减劳动，进而使劳动者可以做更多人的工作，不断提升劳动生产率。同时，亚当·斯密还认为，资本对经济增长发挥着重要作用，一方面能够直接推动经济增长，另一方面也可以促进劳动生产率提升间接促进经济增长。大卫·李嘉图在《政治经济学及赋税原理》中提出利润对推动经济增长的具有重要影响。利润可以通过增加劳动者数量或提高劳动生产率来实现。并且大卫·李嘉图首次将经济增长与收入分配以及对外贸易联系在一起，并提出"报酬递减规律"概念。他根据此概念得到悲观结论，即在边际报酬递减规律作用下，人口最终保持稳定，资本积累最终也会停止，进而会导致经济停止增长。因此，一国经济增长的前景是暗淡的。马尔萨斯在《人口论》中提出：人口是按几何级数增长的，生活资料只能以算术级数增加。因此，人口的增长速度快于生活资料供应的增长速度，要实现人口与生活资料的平衡，可以通过晚婚、节育或战争、瘟疫等方式来抑制。按照这一理论的观点，发展中国家在经济快速增长时，会使人均收入水平不断提升，进而导致人口过快增长，人均收入的增长会被新增加的人口所抵消，使经济回落到原来水平。要破解这一困局的最好方法是扩大投资规模，进而实现人均收入增长的速度超过人口增加的速度。

综上所述，古典经济增长理论主要采用静态观点研究经济增长，一方面忽视了技术进步在经济增长中的作用，另一方面过度强调资本积累在经济增长中的作用。因此得出了"经济增长不可持续"的悲观结论。但与此同时，古典经济增长理论也注意到自然资源的有限性与特殊性，认识到资本、社会分工等对劳动生产率的提升作用。

（二）新古典增长理论

在 20 世纪 50 年代，丹尼森、索洛等经济学家在相关统计资料基础上，运用生产函数分析了劳动与资本等生产要素对经济增长的贡献率。结果表明，扣除劳动与资本等生产要素外仍有部分产出增长难以解释，丹尼森称之为"我们无知的量"，索洛称之为"余值"。索洛对这一现象进行研究发现，技术进步是导致"余值"产生的重要原因，即"余值"是由劳动者素质提高、管理水平提升等原因导致的。针对哈德罗—多马模型存在的人口增长率与经济增长率不相等的问题，索洛对哈德罗—多马模型的生产技术假设进行修正，采用柯布—道格拉斯生产函数进行研究。该函数认为资本和劳动具有可替代性，经济长期增长主要是通过技术进步来实现的。而资本积累仅仅对经济增长具有水平效应，这便是著名的索洛经济增长模型。该模型与哈罗德—多玛模型相比最大的进步在于指出技术进步是影响经济增长的主要因素之一。本书参照周晶森（2018）对索洛经济增长模型的分析，对该模型进行具体的说明。假定生产函数为：

$$Y(t) = F(K(t)，A(t)L(t)) \qquad (2-1)$$

其中，Y 表示产出，A 表示技术进步，L 表示劳动，K 表示资本。假定生产函数是规模报酬不变的，即经济规模已经足够大，使得专业分工的好处已经得到最大限度的利用，同时假定相对于资本、劳动和技术来说，其他投入要素并不重要。此外，还假定生产函数为边际递减的二阶连续可导函数，满足稻田条件。

根据规模报酬不变，我们可以将公式化简为：

$$F\left(\frac{K}{AL}, 1\right) = \frac{1}{AL}F(K, AL) \qquad (2-2)$$

这里的 K/AL 为单位有效劳动的平均资本量，而 Y/AL 表示单位有效劳动的平均产出。我们定义为：$\hat{k} = K/AL$，$\hat{y} = Y/AL$，以及 $f(\hat{k}) = F(\hat{k}, 1)$，那么公式可以写成：

$$\hat{y} = f(\hat{k}) \qquad (2-3)$$

根据生产函数为边际递减的二阶连续可导函数，满足稻田条件。用公式表示为：

$$f(0) = 0, \ f'(\hat{k}) > 0, \ f''(\hat{k}) < 0 \qquad (2-4)$$

$f'(k)$ 为正和 $f''(k)$ 为负则意味着，资本的边际产出为正，并且资本的边际产出随着资本量的增加而下降。

$$\lim_{k\to 0} f'(\hat{k}) = \infty, \ \lim_{k\to\infty} f'(\hat{k}) = 0 \qquad (2-5)$$

此时表示当资本存量极小时，资本的边际产出要很大；而当资本存量极大时，资本的边际产出就很小。稻田条件的作用是保证经济的路径不会发散。

假设劳动增长率 n 满足：

$$L(t) = L(0) e^{nt} \qquad (2-6)$$

假设技术进步率 g_A 满足：

$$A(t) = A(0) e^{g_A t} \qquad (2-7)$$

假定经济中有无数个厂商，在利润最大化背景下，厂商使用资本和雇佣劳动时遵循要素价格与资本和劳动的边际产出相等的原则，即：

$$r = f'(\hat{k}_i) - \delta, \ w = A[f(\hat{k}_i) - f'(\hat{k}_i)k] \qquad (2-8)$$

其中，r 表示利率水平，w 表示工资水平，i 表示厂商个数。

因为要素市场完全竞争，所以工资和利率水平对每个厂商来说都是相同的。因此，有效劳动的资本量对于每个厂商来说也是相同的，即对任意厂商 i 都有 $k_i = k$，进而得出加总的生产函数为：

$$Y = \sum Y_i = \sum A L_i \hat{y}_i = \sum AL_i f(\hat{k}) = Af(\hat{k}) \sum L_i = ALf(\hat{k})$$
$$(2-9)$$

因此，一个代表性厂商的生产情况和整个经济的生产情况相同。所以，要素市场达到均衡时，我们有：

$$r = f'(\hat{k}) - \delta, \quad w = A[f(\hat{k}) - f'(\hat{k})k] \qquad (2-10)$$

假设每个人每期从个人可支配收入中支出固定部分 c 用于个人消费，则整个社会消费水平也可以用整个社会中个人可支配收入的比例来表示，即：

$$C_i = c(rK_i + wL_i) \qquad (2-11)$$

其中，L_i 表示消费者具有的劳动力，K_i 表示消费者所具有的资本。整个社会的消费也是国民收入的固定部分。假设消费比例为 $c = 1 - s$，其中 s 为储蓄率。所以整个社会的储蓄可以表示：

$$S = Y_d - \sum C_i = (1 - c)(r\sum K_i + w\sum L_i) = sY - s\delta K$$

$$\qquad (2-12)$$

其中，$Y_d = r\sum K_i + w\sum L_i$，表示个人可支配收入。上面推导用到了 $\sum K_i = K$、$\sum L_i = L$ 和一次齐次函数的欧拉公式。

当两部门经济中投资等于储蓄时，整个经济的净投资可以表示成：

$$\dot{K} = I = S = s(rK + wL) = sY - s\delta K \qquad (2-13)$$

进一步化简为：

$$\dot{K}/K = s(Y - \delta K)/K = sf(\hat{k})/\hat{k} - s\delta \qquad (2-14)$$

所以，人均有效劳动的资本量的动态方程为：

$$\dot{\hat{k}}/\hat{k} = g_K - n - g_A = sf(\hat{k})/\hat{k} - s\delta - n - g_A \qquad (2-15)$$

整理而得：

$$\dot{\hat{k}} = s[f(\hat{k}) - \delta\hat{k}] - (n + g_A)\hat{k} \qquad (2-16)$$

由于经济在长期范围内会达到均衡状态，因此，人均有效资本存量将保持不变。此时，人均资本存量 $k = \hat{k}A$ 和技术进步速度相同。即：

$$\dot{k}/k = \dot{A}/A = g_A \qquad (2-17)$$

$$K(t) = K(0)e^{g_A t} \qquad (2-18)$$

由于社会生产的人均产出增长率为：

$$\dot{y}/y = \dot{A}/A + \dot{\hat{y}}/\hat{y} = \dot{A}/A + f'(\hat{k})\dot{\hat{k}}/\hat{y} = g_A \qquad (2-19)$$

我们可知，人均产出增长率也等于技术进步率。那么资本存量增长

率和社会生产增长率分别为:

$$\dot{K}/K = \dot{k}/k + \dot{L}/L = g_A + n \qquad (2-20)$$

$$\dot{Y}/Y = \dot{y}/y + \dot{L}/L = g_A + n \qquad (2-21)$$

通过模型推导可知,在索洛模型中,总产出水平的增长率与资本折旧率、储蓄率以及生产函数的形式等其他因素无关,而与人口增长率和技术进步率有关;人均产出水平增长率与折旧率、人口增长率、储蓄率以及生产函数的形式等其他因素无关,而与技术进步率有密切的关系。

新古典经济增长理论与古典经济增长理论最大不同的是,其在生产函数中引入外生技术进步变量,对经济增长动力做了进一步说明。但新古典经济增长模型中也存在一定的不足,那就是其认为技术进步率是外生的,并没有进一步解释技术进步的来源。边际生产率递减规律认为,在技术不变的前提下,只简单增加资本不会导致产品的产出数量持续上升,即产品的产出数量是存在上限的。虽然该模型对经济增长能够进行科学的解释,但未能清楚地说明不同国家技术创新水平为什么会不同。

(三) 内生增长理论

内生经济增长理论又称新经济增长理论,是西方宏观经济理论的分支。新经济增长理论主要以罗默经济增长模型和卢卡斯经济增长模型为代表,其主要观点认为保持经济持续健康增长的动力是内部技术进步,也就是说经济增长不是依赖外部力量而是依靠内部力量来实现的。琼斯(Jones,1995)将内生增长理论划分为 R&D 模型和 AK 模型。(1) AK 模型(知识积累模型)。卢卡斯(1988)认为人力资本积累是经济增长的真正源泉,并认为人力资本通过内在效应和外在效应推动经济增长。人力资本可以通过两种方式增加:一是通过学校的正规教育和非正规教育,使相应人员的智力和技能得到提升;二是通过在实际工作中的经验积累以及相应训练而获得。AK 模型弥补了新古典经济增长模型的不足,对经济增长能够进行更科学的解释。(2) R&D 模型。罗默(1990)考察垄断竞争条件下经济增长与技术进步的问题。新知识的开发者具有一定市场势力,而由研发(R&D)所产生的知识具有一定程度的排他性。

明晰的产权是促进 R&D 活动最有效也最持久的手段，垄断也是 R&D 活动的基本保证。R&D 模型假设最终产品部门使用要素分别为：技术（A）、人力资本（H_n）、一般劳动（H_Y）和物质资本（K），其中 H_n 表示为用于研发部门的生产，H_Y 表示为用于最终产品的生产，其生产函数（2-22）可以表示为：

$$Y(H_Y, k, H_n) = AH_Y^\alpha H_n^\beta \sum_{i=1}^{N} K_i^{1-\alpha-\beta} \qquad (2-22)$$

其中，N 表示资本品的种类数，并且新资本品会随着发明而增加。经济中存在技术进步，并能够增加中间产品数量。同时中间产品并没有随着资本总量的增加而出现边际递减。因此，技术进步能够促使最终产品部门出现规模收益递增。

（四）可持续发展理论

可持续发展理论是指既满足当代人的需要，又不对后代人满足其需要的能力构成危害的发展。其主要是指经济可持续发展、生态可持续发展和社会可持续发展三方面的协调统一，最终实现人的全面发展。具体地说，经济可持续发展主要强调转变经济发展模式，从以往的"高投入、高消耗、高污染、低效益"粗放型的经济增长模式向"低投入、低消耗、低污染、高效益"集约型的经济增长方式转变。生态可持续发展主要强调，在自然资源的承载力范围内推动社会进步和经济发展。同时也强调要加强环境保护，与以往将环境保护与社会经济发展相对立不同，生态可持续发展更多地强调在社会经济发展过程中从源头和根本上解决环境问题。社会可持续发展主要强调，虽然各国发展阶段和发展目标都所有不同，但发展实质上是为了改善人们生活，提高人类健康水平，创造一个自由平等的社会环境，从而更好实现人的全面发展。在人类可持续发展系统中，经济可持续是基础，生态可持续是条件，社会可持续才是目的。

三、新制度主义理论

（一）产权理论

科斯是现代产权理论的主要代表和奠基人。1958 年科斯在《论社会成本问题》中将产权理论描述为只要产权清晰，交易成本很小或为零，那么资源就能通过市场机制达到最佳配置。但是由于科斯未对其思想进行直接概括，研究者从不同角度对科斯定理进行定义，逐渐形成了以威廉姆森为代表的交易成本经济学、以 G. 布坎南为代表的公共选择学派和以 C. 舒尔茨为代表的自由竞争派三个不同的分支。具体来看：（1）以威廉姆森为代表的交易成本经济学认为，交易成本的高低和交易自由度的大小是影响市场运行和资源配置的两个关键因素。威廉姆森在《资本主义经济制度》中将交易成本区分为事前交易成本和事后交易成本。事前交易成本主要是指"起草、谈判、保证落实某种协议的成本"。事后交易成本主要是指想退出、改变原有价格、解决交易双方冲突以及保证交易关系的连续性和长期化的成本。威廉姆森从交易成本角度出发，认为只要交易成本为零，资源配置的有效性与初始合法权利配置无关，换言之，只要交易界区清晰就能够实现资源的有效配置。（2）以 G. 布坎南为代表的公共选择学派认为，在制定和履行契约的过程中法律制度和所有权发挥重要作用。G. 布坎南从权利角度出发，认为只要交易是自愿的并且权利界区清晰，便能够实现资源的有效配置。也就是说，只要权利界区清晰且产权可以自由转让，即使权利初始配置不公正或不合理，资源也能够实现有效配置。因此，产权的转让和产权界区应当是经济学研究的重点。（3）以 C. 舒尔茨为代表的自由竞争派认为除了外部性还有其他因素影响资源的有效配置和市场的正常交易。C. 舒尔茨从自由竞争角度出发，认为在完全竞争的市场中进行交易，资源的有效配置与初始的合法配置无关。也就是说，只要市场处于完全竞争条件下且产权界区明晰，就能够实现资源的有效配置。

（二）制度变迁理论

诺思和戴维斯合著的《制度变迁与美国的经济增长》一书出版，为制度的产生、成长、成熟和衰亡提供了一个粗略的理论框架，为制度变迁提供了理论上的解释。他们假设存在一个"制度市场"，这个市场上的供给者就是从事制度创新的那些人，需求者就是要求进行制度创新的那些人。制度市场与商品市场最大的不同在于制度的需求者同时也可以是制度的供给者。而制度市场的均衡条件是制度的边际收益等于制度的边际成本。因为在这种情况下，制度的供给者和需求者都在现行的制度下实现了收益最大化，他们没有变更制度的动机。当人们对制度的预期收益或成本发生改变时，为了获取制度红利，降低制度成本，人们将会进行制度变革与创新，进而达到新的制度市场的均衡。制度安排可以有多重形式，一个极端是纯粹自愿的形式，另一个极端是完全由政府控制和经营的形式，在这两个极端之间存在着广泛的半自愿半政府的制度结构。诺思、戴维斯等人的制度创新理论是一种诱致性制度变迁理论，其主要内容是为了获取预期的制度红利激发制度变迁的需求，制度变迁的需求又会激发制度的供给。在诺思、戴维斯等分析基础上，拉坦结合实践对诱致性制度变迁理论的相关内容进行了丰富。他认为，制度变迁是由一系列因素诱导出来的，制度变迁的需求与供给的诱导因素又有所不同。对制度变迁的供给转变是由社会服务和计划领域的进步、法律以及社会科学知识等因素引致的。对制度变迁的需求转变是由经济增长相关联技术变迁和产品与要素市场相对价格变化所引致的。而诺思、戴维斯等新制度经济学家都没有提供一种制度变迁的供给理论。因此，拉坦在制度变迁理论上的主要成果是提出了制度变迁的供给理论。拉坦指出社会服务和计划领域的进步、法律以及社会科学知识进步时，将会降低制度变迁的成本，进而导致制度供给曲线的右移。但是拉坦强调，制度变迁的供给是由社会科学和有关专业知识进步诱致的，并不代表制度变迁完全依赖于社会科学和有关专业新知识的研究成果，而政治家、企业家等所实施的创新努力也会引致制度的变迁。

第三章

环境规制变迁、工具及效果分析

改革开放以来，中国经济取得了前所未有的成就，但在取得经济成就的背后却付出了惨重的环境代价，大气污染、水污染等事件相继爆发，昭示着中国的环境污染问题已经非常严重。由于环境资源的稀缺性、外部性、产权不明晰和交易费用昂贵等特点以及微观经济主体的机会主义，单靠市场机制无法实现环境保护，因此，环境规制便应运而生。

第一节　环境规制变迁

中国的环境问题是在经济发展过程中产生的，而环境规制作为解决环境问题的主要手段，必然与经济发展产生密切关系。我们通过对环境规制和经济发展脉络的梳理发现，中国环境规制40多年的发展轨迹大致可以分为四个相互独立又相互关联的阶段：环境规制建立阶段（1973~1992年）；环境规制发展阶段（1992~2002年）；环境规制调整阶段（2002~2012年）；环境规制深化阶段（2012年至今）。

第一阶段，环境规制建立阶段（1973~1992年）。1973年中国环境保护方面首部具有法规性质的文件——《关于保护和改善环境的若干规定（试行草案）》的出台，拉开了严格意义上中国环境保护事业的帷幕。1978 年党的十一届三中全会的召开，标志着中国逐步以市场化为导向的经济改革拉开了帷幕，中国的国家发展战略也由过去的重工业优先发展战略转变为现代化战略。随着改革开放的不断深入，环境领域也发生了深刻的变革，在资金短缺、技术落后的背景下，决策层普遍认为中国的很多环境问题是由于管理不善造成的，只要加强管理，这些问题就能够得到有效解决。在当时的认识和条件下，最现实、有效的办法是靠政府采取行政规制等手段加以强制管控，于是强化环境管理、以行政命令督促环境治理、促进环境保护成为这一时期环境政策的主导思路，内容上以治理工业"三废"污染为主，手段上以行政干预为主，形式上以行政法规、纪要和批文为主。1979 年国家颁布了《中华人民共和国环境保护法（试行）》、1982 年国务院根据环境保护法发布了《征收排污费暂行办法》等文件。1982 年末公布的国民经济和社会发展第六个五年计划第一次将环境保护纳入其中，环境保护已开始被当作国民经济和社会发展的问题来对待。1983 年中国把环境保护作为一项基本国策，确定了环境保护在经济和社会发展中的重要地位。同年第二次全国环境保护会议，确立了环境保护的三大政策，即"强化环境管理"、"谁污染，谁治理"和"预防为主，防治结合"，同时还制定了环境保护的三建设、三同步和三统一总方针：三建设分别是指环境建设、城乡建设、经济建设；三同步分别是指同步规划、同步实施、同步发展；三统一分别是指环境效益、经济效益和社会效益相统一。1989 年第三次全国环境保护会议提出了环境管理的五项新制度，即"限期治理"、"集中控制"、"排污申请登记与许可证"、"城市环境综合整治定量考核"和"环境保护目标责任"，与传统的"排污收费"、"三同时"以及"环境影响评价"三项制度共同组成了环境管理基础。同年 12 月，《中华人民共和国环境保护法》正式颁布，标志着我国环境保护的法律体系初步建立，为环境管理提供法律依据。这一阶段，确立了我国环境保护的基本地位、基本政策、总体方针和管理制度，从而构建起环境保护的基本框架，进而推动了环境规制的发展。

第二阶段，环境规制发展阶段（1992 ~ 2002 年）。1992 年党的十四大召开，确立了中国经济体制改革的目标是建立社会主义市场经济体制，标志着中国经济体制改革进入社会主义市场经济体制框架构建阶段。1992年以来，在现代化战略的基础上，中国逐步形成了强调环境与经济同步、协调、持续发展的可持续发展战略。1992年中国公布了环境与发展十大对策和措施，除继续重视污染治理外，生态环境也纳入了保护的范畴，同时还强调运用经济手段来保护环境。1996年在北京召开的第四次全国环境保护会议提出了保护环境的实质就是保护生产力的科学论断，并且强调保持环境保护与污染防治同步进行，实现环境保护工作的全面推进。2000年《环境影响评价法》的颁布，标志着我国环境管理方式从"先污染后治理"向"先评价后建设"方向转变，从源头上遏制污染产生。2002年在北京召开的第五次全国环境保护会议提出了政府应当按照社会主义市场经济的要求，动员全社会各方力量做好环境保护工作，并且还强调环境保护对实现中华民族的伟大复兴和推进社会主义现代化建设具有十分重要的意义。在此阶段，环境问题得到进一步重视，环境保护的指导理念得到升华，环境保护已从治理工业污染为主转变为综合环境管理为主，环境政策的保护对象已经把防治环境污染、环境破坏和保护、改善生活环境和生态环境结合在一起，完成了从保护自然环境个别因素的片面观点向保护整个自然环境的整体观点的转变。然而我国环境规制政策体系尚不健全，突出表现为缺乏一部真正的综合性环境政策文件，各种政策文件之间不够协调，环境管理体制没有完全理顺，管理职能交叉、重复，冲突现象还比较常见，甚至有些政策规定还不够合理、缺少可操作性。

第三阶段，环境规制调整阶段（2002～2012年）。2002年中国社会主义市场经济体制初步建立。此后，中国改革进入完善社会主义市场经济体制的新阶段，在这一时期，伴随着经济体制的改革，中国环境规制进行了调整阶段。国家对一些环境规制的法律法规政策进行了进一步的修订，2003年国务院颁布的《排污费征收使用管理条例》，标志着从1982年到2003年间排污收费制度实现了从超标排放收费模式向按照污染物的种类、数量收费与超标收费并存的模式转变。同年，可持续发展战略正式成为国家主导发展战略，这是中国发展战略的重大转轨。在此背景下，2005 年国务院先后发布了《促进产业结构调整暂行规定》和《关于落实科学发展观加强环境保护的决定》，后者首次提出地区发展应坚持环境优先、保护优先，分别实行优化开发、重点开发、限制开发和禁止开发，这显示了中国扭转重经济、轻环境的决心。2006 年《环境影响评价公众参与暂行办法》颁布。这是我国国家层面第一部规定公众参与环境保护的规范性文件，也是我国环境保护领域公众参与制度建设的一个新的里程碑。同年，在北京召开的第六次全国环境保护会议提出要加快实现三个转变：一是实现经济增长与环境保护并重，转变以往轻环境保护重经济增长的局面，在保护环境中求发展。二是实现经济发展与环境保护同步，转变以往环境保护滞后于经济发展的局面，改变以往先污染后治理的局面，实现多还旧账、不欠新账。三是综合运用行政、经济、法律等多种手段实现环境保护，转变以往主要依靠行政手段解决环境问题的局面，依据自然与经济运行的规律，不断提升环境治理的水平。2011 年在北京召开的第七次全国环境保护大会提出坚持在发展中保护、在保护中发展，积极探索代价小、效益好、排放低、可持续的环境保护新道路，实现资源环境、社会以及经济效益的不断提升，进而推动社会和谐进步与经济平稳健康发展。此阶段在可持续发展战略指导下，中国环境规制逐步向源头治理、多方参与以及综合治理转变，注重经济与环境协调的发展。

第四阶段，环境规制深化阶段（2012 年至今）。党的十八大将生态文明建设纳入"五位一体"总体布局，促进了中国环境规制的快速发展，使中国环境规制目标更加清晰，体系更加健全，内容更加丰富。整体上看，党的十八大以来，中国环境规制更加注重改善环境质量，更加重视制度建设，积极促进环境共治，强化环境保护问责机制，持续加大环境保护投入，并以环境保护为契机推动发展战略转型，迈向绿色发展新目标。2015 年，被称为史上最严环保法的《环境保护法》实施，强化了企业污染防治责任，突出了可执行性和可操作性。新环保法在中国正式实施，也是中国政府协调环境保护同经济和社会发展的新举措。

2015 年中共中央、国务院印发的《党政领导干部生态环境损害责任追究办法（试行）》，标志着我国生态文明建设正式进入实质问责阶段。党的十八大以后，各部门还密集出台了多项环境经济政策，涉及环境信用、环境财政、绿色税费、绿色信贷、绿色证券、绿色价格、绿色贸易、绿色采购、生态补偿、排污权交易等多个方面，覆盖了社会经济活动全链条，不同的政策单独或者共同调整开采、生产、流通或消费环节的社会经济行为，成为环境规制体系的重要组成部分。2016 年国务院印发了《"十三五"生态环境保护规划》，首次提出了生态环境质量总体改善的目标。党的十九大提出，要构建政府为主导、企业为主体、社会组织和公众共同参与的环境治理体系。2018 年通过的《中华人民共和国环境保护税法》正式结束了排污费的使用，用税法的形式加强对环境的治理。同年，在北京召开的第八次全国环境保护大会提出了加快生态文明顶层设计，不断加强与完善法治建设与制度体系建设，建立并实施中央环境保护督察制度，深入实施大气、水、土壤污染防治三大行动计划，大力推动绿色发展。我国发布了《中国落实 2030 年可持续发展议程国别方案》等文件，推动生态环境保护发生全局性、转折性的变化。在生态文明建设的指导下，我国环境规制进入深化阶段。

第二节　环境规制工具

伴随着环境规制发展不断走向成熟，环境规制工具越来越丰富，经历了由单一使用命令控制型环境规制工具，到命令控制型环境规制工具与市场激励型环境规制工具并用，再到命令控制型环境规制工具、市场激励型环境规制工具和自愿型环境规制工具综合运用的演变过程。

一、命令控制型环境规制工具

命令控制型环境规制是一种广泛使用的传统型环境规制工具，其主要依据国家关于环境保护方面的法律法规、政策标准，依靠国家行政强制力，对企业的污染行为进行约束，促使相关企业履行环境保护的社会责任，进而采取有利于环境保护的行为。中国命令控制型环境规制工具经过多年的发展，形成了一套完整的体系。命令控制型环境规制工具既包括"三同时"制度、排污许可证制度、环境影响评价制度、综合治理与定量考核、环境保护标准制度、污染集中控制等八项传统的管理制度，又包括环境保护标准、污染物排放总量控制、区域限批制度、节能减排统计监测考核体系等新的管理制度。本书仅对常用的"三同时"制度、环境影响评价制度、排污许可证制度和环境保护标准制度进行详细说明。

（一）"三同时"制度

我国 2015 年施行的《环境保护法》将"三同时"制度定义为：在建设项目中防治污染的设施，应当与主体工程同时设计、同时施工、同时投产使用。防治污染的设施应当符合经批准的环境影响评价文件的要求，不得擅自拆除或者闲置。"三同时"制度是根据中国国情独创的一项环境管理制度。1972 年《国家计委、国家建委关于官厅水库污染情况和解决意见的报告》中第一次提出"三同时"制度。1973 年《关于保护和改善环境的若干规定》对"三同时"制度的内容进行清晰的界定。1979 年颁布的《环境保护法（试行）》对"三同时"制度从法律上加以确认，此后相关的法律法规和政策对这一制度的规定加以完善。"三同时"制度的主要内容包括：（1）建设项目初步设计时应当编制环境保护篇章，并且在其中需明确环保设施投资的预算以及防治污染和保护生态环境的具体措施；（2）与主体工程相配套的环保设施，能够与主体工程同时进行试运行；（3）对于建设项目需要进行分期建设或使用的，与之配套的环保设施也应当分期验收等。但"三同时"制度实施效果取决于环境执法能力，从目前的环境执法力量分配情况来看，市、县、乡这一层级，其力量越来越薄弱，甚至有的乡镇根本没有任何执法力量。环保工作中重审批、轻监督管理倾向比较明显，对审批后的建设项目执行"三同时"制度的监督管理不及时、不到位，甚至放任自流，一定程度上影响"三同时"制度的实施效果。

（二）环境影响评价制度

2018 年修订的《环境影响评价法》将"环境影响评价"定义为：对规划和建设项目实施后可能造成的环境影响进行分析、预测和评估，提出预防或者减轻不良环境影响的对策和措施，进行跟踪监测的方法与制度。环境影响评价制度起源于美国，后被我国引入并应用于环境保护领域之中。1979 年颁布的《环境保护法（试行）》规定：新建、改建和扩建工程必须提交环境影响报告书。1981 年颁布的《基本建设项目环境保护管理办法》和 1986 年颁布的《建设项目环境保护管理办法》对评价的内容、范围、程序以及主管部门的责任与权限等做了清晰的界定。1989 年颁布的《环境保护法》中明确规定对环境造成污染的建设项目，必须先建立环境影响报告书，经环保行政部门批准后，方可批准建设项目设计任务书。1998 年颁布的《建设项目环境保护管理条例》对环境影响评价的适用范围、评价时机、审批程序、法律责任等方面均做出了很大修改。1999 年《建设项目环境影响评价资格证书管理办法》的颁布，使我国环境影响评价制度向更加专业化方向迈进。针对《建设项目环境保护管理条例》的不足，适应新形势发展的需要，2003 年我国颁布了《环境影响评价法》，进而使环境影响评价制度法律化。《环境影响评价法》分别于 2016 年和 2018 年进行了第一次和第二次修正，使环境影响评价不断完善。我国环境影响评价制度主要包括规划的环境影响评价和建设项目的环境影响评价两个方面。其中，规划的环境影响评价主要内容为：（1）实施该规划对环境可能造成影响的分析、预测和评估；（2）预防或者减轻不良环境影响的对策和措施等。建设项目的环境影响评价主要内容为：（1）建设项目对环境可能造成影响的分析、预测和评估；（2）建设项目环境保护措施及其技术、经济论证；（3）建设项目对环境影响的经济损益分析等。但是现有的环境评价制度存在评价范围过窄、缺乏明确的责任制度等问题。2016 年修订的

《环境影响评价法》仍然将环评范围局限于"建设项目和部分规划"。事实上，除了建设项目和规划外，政府部门的公共政策、立法活动对环境的影响是全局性的，一旦决策失误就可能对生态环境造成了严重损害，因此也应纳入环境影响评价范围内。2018 年修订的《环境影响评价法》规定"根据违法情节和危害后果处总投资额 1% ~ 5% 的罚款"，这一规定过于模糊，势必会给设租和寻租行为空间，导致"比例罚"的立法初衷难以实现，从而影响环境评价制度的实施效果。

（三）排污许可证制度

排污许可证是根据国家和地方有关环境容量、污染物排放标准等规定，由环境保护行政主管部门核定并颁发给排污者的，允许排污者合法排污的唯一证明。中国的排污许可制度产生于 20 世纪 80 年代，1988 年颁布的《水污染物排放许可证管理暂行办法》对排污许可证制度的内容进行了较为详细的说明。1989 年，国家环保局颁发的《排放大气污染物许可证制度试点工作方案》中规定，对部分省、直辖市环保局以及环境保护重点城市开展大气污染物许可证制度试点工作。党的十八届三中全会审议通过的《中共中央关于全面深化改革若干重大问题的决定》提出了"完善污染物排放许可制"。党的十八届五中全会又将"改革环境治理基础制度，建立覆盖所有固定污染源的企业排放许可制度"写入《中共中央关于制定国民经济和社会发展第十三个五年规划的建议》之中。2015 年审议通过的《生态文明体制改革总体方案》明确要求："在全国范围内尽快实现排污许可证对固定污染源企业的全覆盖，同时要求排污者持证排污，禁止排污者不按许可证或无证排污。"2016 年国务院发布《控制污染物排放许可制实施方案》，排污许可制度改革全面启动。2018 年环境保护部印发《排污许可管理办法（试行）》，进一步细化了环保部门、排污单位和第三方机构的法律责任，并对排污许可证核发程序等内容进行规定，在改革完善排污许可制度方面迈出了坚实的一步。排污许可主要内容包括：（1）纳入固定污染源排污许可分类管理名录的企业事业单位和其他生产经营者应当按照规定的时限申请并取得排污许可证；未纳入固定污染源排污许可分类管理名录的排污单位，暂不需申请排污许可证；对污染物产生量大、排放量大或者环境危害程度高的排污单位实行排污许可重点管理，对其他排污单位实行排污许可简化管理。（2）环境保护部负责指导全国排污许可制度实施和监督，各省级环境保护主管部门负责本行政区域排污许可制度的组织实施和监督，设区的市级环境保护主管部门负责排污许可证核发。（3）排污许可证的申请、受理、审核、发放、变更、延续、注销、撤销、遗失补办应当在全国排污许可证管理信息平台上进行。但是，排污许可制度改革内容设计存在不足，未充分考虑不同流域、区域环境条件与环境质量的差异，进而影响了排污许可制度的实施效果。

（四）环境保护标准制度

环境保护标准是指为保护人体健康和生存环境，维护生态平衡和自然资源的合理利用，对环境中污染物和有害因素的允许含量所做的限制性规定。中国的环境保护标准大致可以划分两大类：一类是技术标准，主要是指标准制定者根据污染治理成本和现有的技术水平确定应遵守的技术细则。技术标准的制定执行过程中存在两方面不足：一是对"最优技术水平"的界定，因为技术进步是动态变化的，而现有设备的技术水平是既定的，环保部门要求企业按照最优技术水平更新设备，将加重企业的负担，严重影响企业的生产经营。二是由于信息不对称等原因导致标准制定者难以掌握所有的企业信息。因此，制定的最优技术标准与实际情况相背离。另一类是绩效标准。主要是标准制定者依据企业的成本和利润等信息对污染物的排放量和排放浓度等内容做具体规定。绩效标准制定的原则主要包括三种：一是负担能力原则。主要是指根据企业的技术水平和负担能力状况确定排放标准，负担能力强、技术水平较高的企业承担更多的污染减排任务，而负担能力弱、技术水平较低的企业承担更少的污染减排任务，但可能存在"鞭打快牛"的状况，将影响企业对环保技术研发的支持力度。二是比例均等原则。主要是指所有企业遵守同样的环境标准。但该方法没有考虑产业、企业之间的差异性问题。三是成本最低原则。主要是按照治理成本从低到高依次对污染源进行治理，从而确定绩效标准。该方法主要需要掌握边际治理成本的所有信息，但现实难以掌握此方面信息。经过多年的发展，我国环境标准体系可以分为"六类两级"，其中六类分别指的是环境质量标准、环境方法标准、环境基础标准、环保仪器设备标准、污染物排放标准、环境标准物质标准；两级主要是指国家环境标准和地方环境标准。环境质量标准是指在一定时间和空间范围内，对环境中有害物质或因素的允许浓度所做的规定，例如大气环境质量标准等。环境方法标准是指以环保过程中的试验、抽样以及作业等方法为对象制定的标准，例如机动车辆噪声测量方法等。环境基础标准是指在环保工作范围内，以具有指导意义的符号、程序、规范等内容为对象制定的标准，是制定其他环境标准的基础，例如制定地方水污染物排放标准的技术原则与方法等。环保仪器设备标准是指以环保仪器、设备技术为对象制定的标准。污染物排放标准是指对人为排放到环境的污染物的总量或浓度所做的限量规定，例如有色金属固体废弃物控制标准。环境标准物质标准强调在环保工作中，以进行量值传递或质量控制的材料或物质为对象制定的标准，是检验方法正确与否的主要手段。其中环境质量标准、污染物排放标准和环境方法标准均有地方级标准。但环境标准体系中存在部分国家标准制定（修订）滞后、地方环保标准发展缓慢等问题，影响环境保护标准制度的实施效果。

二、市场激励型环境规制工具

市场激励型环境规制主要是利用经济手段影响污染排放者的收益或成本，进而引导企业采取有利于环境保护的行为，以实现改善环境质量的目的，其主要体现了"污染者付费原则"。与命令控制型环境规制以行政命令的方式要求企业实现污染物达标排污不同，市场激励型环境规制更多通过市场机制激励企业在追求经济效益最大化的同时实现环境保护目标。市场激励型环境规制工具主要包括：排污收费制度、环境保护税制度、排污权交易制度、环境补贴制度、环境信用制度、生态补偿制度等。本书仅对常用的排污收费制度、环境保护税制度、排污权交易制度、环境补贴制度进行详细介绍。

（一）排污收费制度

排污收费制度是指让环境排放污染物或超过规定的标准排放污染物的排污者依照国家法律和有关规定按标准缴纳费用的制度。1978 年在《环境保护工作汇报要点》文件中首次提出了向污染物排放单位收费制度的设想，其主要体现了"谁污染、谁治理"的原则。1979 年《环境保护法（试行）》对排污收费内容进行规定，使排污收费制度有了法律依据。1982 年《征收排污费暂行办法》的发布实施，使排污收费工作在全国各地全面开展。该办法并非完全意义上"污染即付费"，而仅是对超过规定的排放标准进行收费。2003 年 3 月《排污费征收使用管理条例》颁布，对排污收费政策体系、收费标准等方面的内容进行了重大调整，核心内容包括：（1）按污染物的种类、数量以污染当量为单位实行总量多因子排污收费，改变原来的污水、废气超标单因子收费模式；（2）提高征收标准，扩大了征收范围，同时加大了处罚力度；（3）财政对环境执法资金予以保障，有利于避免排污费挤占、挪占问题的发生，征收的排污费纳入财政预算，专款专用，全部用于污染治理；（4）强化上级环保部门对下级审查监督，并赋予上级环保部门征收排污费的稽查权，强调公开公正廉洁执法，推行"阳光收费"。2014 年颁发的《关于调整排污费征收标准等有关问题的通知》调整了污水、废气主要污染物排污费征收标准，其中对废气中的氮氧化物与二氧化硫、污水中化学需氧量、氨氮等五项主要金属分别征收每当量不低于 1.2 元和 1.4 元的排污费；排污费的征收对象主要包括直接向环境排放污染物的单位和个体工商户；排污费的征收内容为对向大气、水体排放污染物，没有建设工业固体废物贮存或者处置设施、场所或设施、场所不符合环境保护标准的以及环境噪声污染超过国家环境噪声标准的，应按照排放污染物的种类、数量或等级缴纳排污费。2018 年《环境保护税法》的正式施行，标志着排污收费制度正式退出历史舞台。

（二）环境保护税制度

环境税主要是指国家以保护环境为目标，针对污染、破坏环境的特定行为课征专门性税种。环境税是为保护环境而采取的一种税收调节措施，一方面用各种税收优惠措施鼓励纳税人对环境保护采取更加积极有力的措施；另一方面增加污染、破坏环境的行为的税收负担，尽量减少相关行为。2014 年形成《中华人民共和国环境保护税法（草案稿）》，2015 年《中华人民共和国环境保护税法（征求意见稿）》及说明全文公布，征求社会各界意见；2016 年《中华人民共和国环境保护税法》在十二届全国人大常委会第二十五次会议上获表决通过，并于 2018 年 1 月 1 日起施行。环境保护税的纳税人为在中国领域和管理的其他海域内，直接向环境排放应税污染物的经济主体。环境保护税的征收内容与现行排污费制度的征收内容相衔接。环境保护税的征税主要内容仍是大气污染物、水污染物、固体废物和噪声这四类应税污染物，但对具体征收对象的提法更为规范。如何设置合适的税率是影响环境税发挥作用的关键，最优的环境税税率应遵循边际社会损失与边际税率相等的原则。由于税率设计者难以掌握全面的市场信息，因而会导致其偏离最优税率水平。环境税税率太低难以实现环境保护目标，可能会增加污染物的排放量；环境税税率太高会增加排污者的生产经营成本，影响经济的发展。即使环境税率设置合理，但是因为技术水平、经济发展等外部因素的影响，也需要对其进行动态调整，同时环境税的征收情况也是影响其作用发挥的关键。

（三）排污权交易制度

排污权交易是指为实现保护环境目的，在污染物排放总量指标确定的背景下，内部各污染源之间通过市场机制，实现污染物排放权的买卖，进而达到减少污染物排放量的目的。其主要思想是通过建立合法的污染物排放权利，实现排污权的自由买卖，进而实现污染物排放控制。

排污权交易是以市场为基础的经济制度安排，是通过市场无形之手与政府有形之手相结合进而达到污染物控制的一种有效手段。排污权交易是由美国经济学家戴尔斯在 1968 年首次提出的，最早应用于美国的大气污染源及河流污染源管理，随后中国引入排污权交易制度。1988 年颁布的《水污染物排放许可证管理暂行办法》提出可以在排污单位之间调剂水污染总量的控制指标。1993 年大气排污权交易政策在太原、包头等城市展开试点。1996 年颁布的《"九五"期间全国主要污染物排放总量控制计划》和 2000 年颁布的《大气污染防治法》这两个文件为实施排污权交易提供了法律与政策支持。2001 年中国首例排污权交易在江苏省南通市顺利完成；2003 年中国首例跨区域二氧化硫排污权交易在江苏省顺利完成；2007 年第一个排污权交易中心在浙江嘉兴挂牌成立。2007 年开始，财政部、环保部和国家发改委批复了天津、河北、山西、内蒙古、江苏、浙江、河南、湖北、湖南、重庆和陕西 11 个省（区、市）开展排污权交易试点，2014 年 12 月，又将青岛市纳入试点范围。除了这 12 个试点的省（区、市）外，另有 16 个省份自行开展了交易工作。排污权初始分配是实现排污权交易机制的基础，目前对排污权初始分配标准和价格还没有明确、统一的规定，缺乏一套科学有效的初始价格形成机制，各地的试点工作也都在不断地进行探索，对具体采用的标准还存在着较大争议，一定程度上影响排污权交易的实施效果。

（四）环境补贴制度

环境补贴是指在因资金的私有和经济主体意识的偏差而导致的环保投资不足的背景下，政府出于经济政治等原因，对进行环保工艺改进、环保设备购入的企业予以各种补贴的一种政府性行为。环境补贴是减少环境损害的市场方法，其对污染者减少污染的行为进行补贴。环境补贴主要有两种类型，分别是排污削减设备补贴和污染减排补贴。目前主要采用的环境补贴方式包括：政府以优惠利率提供贷款、政府环境保护投资、税收激励和豁免以及支付现金等形式。在实践中，环境补贴可能会导致进入污染型行业的企业数量增加或延迟部门污染型企业的退出，从而不利于市场机制有效发挥作用，导致经济上的低效率和环境污染加重。

三、自愿型环境规制工具

自愿型环境规制工具指企业、民间组织和公众等自愿在环境保护方面做出的行动或承诺。自愿型环境规制工具主要包括环境公众参与制度、环境信息公开制度以及环境认证制度等，本书仅对常用的环境信息公开制度和环境公众参与制度进行详细的介绍。

（一）环境信息公开制度

环境信息公开是指政府和企业等有关行为主体公开各自的环境信息和环境行为，以维护公众知情权、推动公众参与和监督环境保护工作。环境信息公开有助于加强公众、政府和企业之间的协商与沟通，形成良好的互动关系，从而发挥社会各方面力量共同推动环境保护工作。环境信息公开包含两大类：一类是政府环境信息公开。早在1989年实施的《中华人民共和国环境保护法》第11条第2款规定，国务院以及省级行政单位的环境保护行政主管部门，应定期发布环境状况公报。2003年《环境保护行政主管部门政务公开管理办法》首次对环境信息公开内容等事项进行规定。2007年颁布的《环境信息公开办法（试行）》对环境信息公开做了进一步规定，具体内容包括：环境保护的法律法规等方面文件、排污许可证发放情况、主要污染物排放总量指标分配及落实情况、环境统计和环境调查信息、环境质量状况、环境保护规划以及城市环境综合整治定量考核结果等十七项内容应当对外公开，接受公众监督。另一类是企业环境信息公开。1998年企业环境信息公开试点工作首先在江苏镇江和内蒙古呼和浩特开展。2003年颁布的《关于企业环境信息公开的公告》对企业环境信息公开的内容进行全面的界定。2007年颁布了《关于落实环保政策法规防范信贷风险的意见》，文件中规定了此次纳入企业信用信息基础数据库的环保信息，其范围得到了扩大，形成了更为完善的环境信息系统，标志着企业环境行为信息化公开化制度正式在全国范围内开展。2014 年《企业事业单位环境信息公开办法》规定：企业事业单位的基础信息、企业事业单位的排污信息以及突发环境事件应急预案等六项内容应该对外公开。但环境信息公开制度中仍然存在政府依职权公开环境信息的不足、政府环境信息公开的主体范围狭窄、法律责任不明确、政府环境信息公开非常态化以及企业环境排放信息公开义务归属不清等问题，影响环境信息公开制度的实施效果。

（二）环境公众参与制度

环境公众参与是指公众通过一定的途径参与环境保护，以维护公众环境利益的活动。这里的公众既包括个体公民，也包括民间组织团体等非政府组织。我国公众参与环境机制近些年来得到长足的发展，2005 年举行的圆明园防渗工程听证会首次邀请了公众参与其中，这次会议的召开在中国环境保护的历史上具有里程碑意义。2006 年《环境影响评价公众参与暂行办法》的颁布，明确了公众参与环境影响评价的具体事项。2008 年通过的《循环经济促进法》中新增"公众参与"等内容。2014 年河北省颁布的《河北省公众参与环境保护条例》是我国首个地方性环境公众参与的法规。2014 年新修订的《环境保护法》中明确提出要进一步完善公众参与程序，为公民、法人和其他组织参与和监督环境保护提供便利，从程序上保证公众能够有效参与环境保护工作。目前我国环境公众参与制度尚处于起步阶段，存在公众参与积极性不高等问题，影响环境公众参与制度的实施效果。

四、环境规制工具的优缺点

（一）命令控制型环境规制优缺点

命令控制型环境规制是目前最为广泛使用的环境规制工具，具有容易操作、见效快等特点，能够在相对短时间控制环境污染恶化，提高环境质量。但是在解决更为复杂的问题和满足更高的环保要求时，命令控制型环境规制也存在一定的局限性。一是执法成本高、寻租空间大。由于监管方与被监管方的信息不对称，进而导致执法过程中需要投入大量的人力物力，增加了环境执法的成本，同时在环境执法过程中执法人员有较大的"自由裁量权"，进而存在较大的寻租空间，影响执法效果。二是缺乏灵活性。一些环境政策未能根据地区、行业等差异而有所不同，导致不同污染企业可能承担相同的污染控制成本，影响企业的效益。三是缺乏激励性。在命令控制型环境规制下，企业难以获得更多的收益，进而其对企业的激励效果不强，抑制了企业进行技术创新的积极性。

（二）市场激励型环境规制优缺点

市场激励型环境规制能够通过市场机制发挥作用，有效地避免信息不对称问题，进而能够降低环境执法成本，增加政府收入。同时在市场激励型环境规制背景下对采用先进技术的排污者更为有利，进而有助于提升排污者对发明与应用新技术支持程度，能够对企业产生更强的激励效果，但是市场激励型环境规制仍有多方面的不足。一是市场制度要求较高。只有在完备的市场制度前提下，才能利用价格信号等方式发挥市场激励型环境规制的优势。二是政策存在滞后性。企业对市场激励型环境规制工具的反应存在一定时滞型，市场激励型环境规制工具的效果往往需要经过一段时间才能显现出来。

（三）自愿型环境规制优缺点

自愿型环境规制的优势是能将环境行为从被动式变为主动式，充分发挥企业、社会公众的力量，能够降低环境执法成本，提高环境保护效果。但是自愿型环境规制也存在明显的不足，它是一种非正式的规制方式，不具有强制约束力，需要依赖于人们环保意识普遍增强和企业环保责任意识的提高来实现。而在目前中国，自愿型环境规制只能作为辅助性的规制手段，无法成为环境规制的主导形式。

第三节　环境规制实施效果分析

本章分别从全国和区域两个角度介绍了大气、水和固体废弃物中的污染物排放量以及单位 GDP 污染物排放量状况，来反映环境规制实施的效果。其中为了更好地对单位 GDP 污染物排放量进行比较，本书以 1978 年为基期，消除价格因素影响，计算出了各个省份的 GDP 实际产值。由于二氧化硫、烟（粉）尘、废水以及化学需氧量等污染物排放数据在统计年鉴中仅从 2000 年开始统计，本书对相关内容的分析也从 2000 开始，而统计年鉴中没有统计固体废弃物的数据，本书使用工业固体废弃物进行替代。

一、全国污染治理效果分析

（一）大气污染治理状况

二氧化硫排放量总体呈下降趋势（见图 3－1），从 2000 年的 1965.86 万吨下降到 2017 年的 875.42 万吨，共减少 1090.44 万吨，下降幅度达到 55.47%。其中，二氧化硫的排放量 2002～2006 年间呈现上升趋势，2006 年达到最高点 2586.80 万吨。此后，二氧化硫的排放量进入下降区间，2015 年以后二氧化硫的下降趋势更加明显，2016 年的二氧化硫排放量较之前一年下降了 40.68%。单位 GDP 二氧化硫的排放量呈下降趋势（见图 3－2），其中，在 2002～2006 年由于二氧化硫排放量的上升而导致单位 GDP 二氧化硫的排放量出现短暂波动，此后下降趋势更为明显。单位 GDP 二氧化硫排放量从 2000 年 0.0627 吨/万元下降到 2017 年 0.0048 吨/万元，下降幅度达到 92.34%。

（万吨）

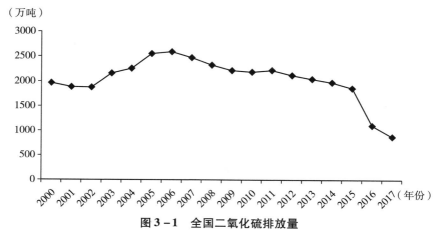

图 3 - 1 全国二氧化硫排放量

资料来源：根据《中国环境统计年鉴》等资料整理而得。

（吨/万元）

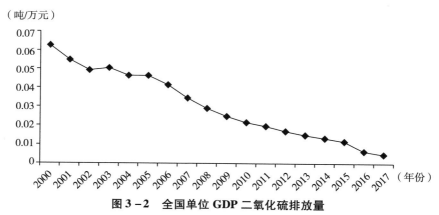

图 3 - 2 全国单位 GDP 二氧化硫排放量

资料来源：根据《中国环境统计年鉴》《中国统计年鉴》等资料整理而得。

烟（粉）尘排放量在波动中呈现下降趋势（见图 3 - 3），从 2000 年的 1165.53 万吨下降到 2017 年的 796.27 万吨，共减少 369.26 万吨，下降幅度达到 31.68%。其中，烟（粉）尘排放量在 2000 ~ 2010 年呈现缓慢下降趋势，从 2010 年以后烟（粉）尘排放量开始快速上升，在 2014 年达到最高点 1740.75 万吨，之后烟（粉）尘排放量进入快速下降区间。单位 GDP 烟（粉）尘的排放量基本上处于下降趋势（见图 3 - 4），其中，

2000~2010 年单位 GDP 烟（粉）尘排放量下降趋势明显，而在 2010~2014 年由于烟（粉）尘排放量快速增长导致单位 GDP 烟（粉）尘排放量呈现波动回升趋势，而在此之后，单位 GDP 烟（粉）尘排放量又呈现下降趋势。单位 GDP 烟（粉）尘排放量从 2000 年 0.0372 吨/万元下降到 2017 年 0.0043 吨/万元，下降幅度达到 88.44%。

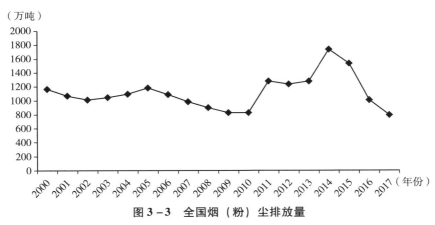

图 3-3 全国烟（粉）尘排放量

资料来源：根据《中国环境统计年鉴》等资料整理而得。

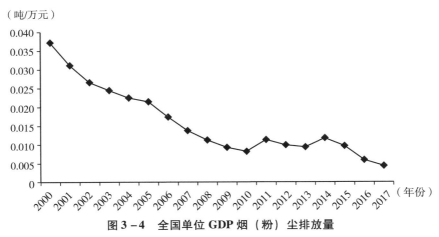

图 3-4 全国单位 GDP 烟（粉）尘排放量

资料来源：根据《中国环境统计年鉴》《中国统计年鉴》等资料整理而得。

（二）水污染治理状况

废水排放量总体呈上升趋势（见图3－5），从2000年的415.13亿吨，上升到2017年的699.66亿吨，共增加了284.53亿吨，增加幅度达到68.54%。其中，废水排放量2000~2015年间逐年上升，2015年达到最高点735.31亿吨，此后废水排放量逐渐开始下降。单位GDP废水排放量处于下降趋势（见图3－6），从2000年132.51吨/万元下降到2017年38.20吨/万元，下降幅度达到71.17%。

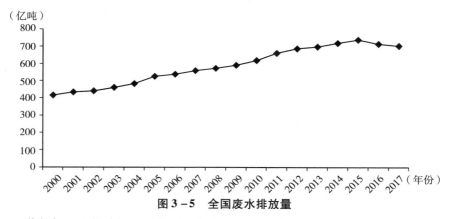

图3－5　全国废水排放量

资料来源：根据《中国环境统计年鉴》等资料整理而得。

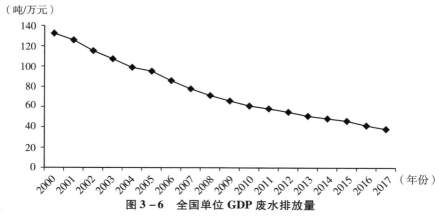

图3－6　全国单位GDP废水排放量

资料来源：根据《中国环境统计年鉴》《中国统计年鉴》等资料整理而得。

化学需氧量排放量总体上呈下降趋势（见图3-7）。其中，2000～2010年间呈现逐年降低趋势，而在2011年化学需氧量排放量突然增加，主要是统计口径发生变化，2011年以前化学需氧量排放量的统计口径只包括工业源和生活源，而从2011年开始化学需氧量排放量统计口径在原先工业源和生活源基础上增加了农业源和集中式。此后化学需氧量排放量又呈现逐年递减趋势，2016年出现大幅下降。单位GDP化学需氧量排放量的总体上处于下降趋势（见图3-8）。其中，2000～2010年间呈现逐年

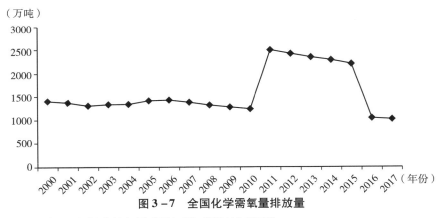

图3-7　全国化学需氧量排放量

资料来源：根据《中国环境统计年鉴》等资料整理而得。

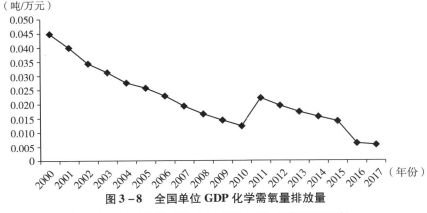

图3-8　全国单位GDP化学需氧量排放量

资料来源：根据《中国环境统计年鉴》《中国统计年鉴》等资料整理而得。

降低趋势，而在2011年由于的统计口径变化出现短暂的上升，在此之后又呈现逐年下降趋势。

（三）固体废弃物污染治理状况

工业固体废弃物排放量总体上呈现下降趋势（见图3-9）。从2000年3185.60万吨下降到2017年73.06万吨，共减少3112.54万吨，下降幅度达到97.71%。单位GDP工业固体废弃物排放量呈现下降趋势（见图3-10），

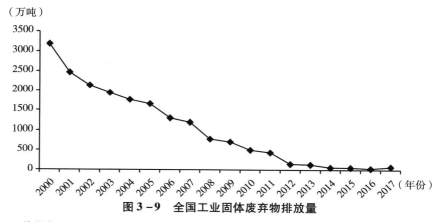

图3-9　全国工业固体废弃物排放量

资料来源：根据《中国环境统计年鉴》等资料整理而得。

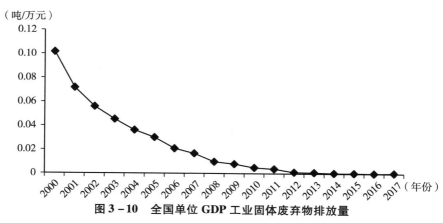

图3-10　全国单位GDP工业固体废弃物排放量

资料来源：根据《中国环境统计年鉴》《中国统计年鉴》等资料整理而得。

从 2000 年 0.1017 吨/万元下降到 0.0004 吨/万元, 下降幅度达到 99.60%。

二、区域污染治理效果比较分析

(一) 大气污染治理状况

图 3 - 11 显示的是三大区域二氧化硫排放量状况。从各区域二氧化硫排放量来看, 各区域二氧化硫排放量总体呈下降趋势, 其中, 中部地区二氧化硫排放量最少, 东西部地区二氧化硫排放量相对较多。在 2008 年之前, 东部地区二氧化硫排放量要远高于西部地区。而 2008 年以后, 西部地区逐渐取代东部地区逐渐成为二氧化硫的排放量最多的区域。从各区域二氧化硫排放量下降幅度来看, 东部地区二氧化硫排放量从 2000 年的 801.31 万吨下降到 2017 年的 285.16 万吨, 下降幅度达到 64.41%。中部地区二氧化硫排放量从 2000 年的 471.21 万吨下降到 2017 年的 220.48 万吨, 下降幅度达到 53.21%。西部地区二氧化硫排放量从 2000 年的 693.34 万吨下降到 2017 年的 369.78 万吨, 下降幅度达到 46.67%。由此可知, 二氧化硫排放量降低幅度中, 东部地区降低幅度最大, 其次是中部地区, 最后是西部地区。

图 3 - 12 显示的是三大区域单位 GDP 二氧化硫排放状况。从各区域单位 GDP 二氧化硫排放量来看, 各区域单位 GDP 二氧化硫排放量处于下降趋势, 其中, 西部地区单位 GDP 二氧化硫排放量最高, 其次是中部地区, 最后是东部地区。从各区域单位 GDP 二氧化硫排放量降低幅度角度来看, 东部地区单位 GDP 二氧化硫排放量从 2000 年的 0.0430 吨/万元下降到 2017 年的 0.0027 吨/万元, 下降幅度达到 93.72%。中部地区单位 GDP 二氧化硫排放量从 2000 年的 0.0639 吨/万元下降到 2017 年的 0.0052 吨/万元, 下降幅度达到 91.86%。西部地区单位 GDP 二氧化硫排放量从 2000 年的 0.1307 吨/万元下降到 2017 年的 0.0109 吨/万元, 下降幅度达到 91.66%。由此可知, 单位 GDP 二氧

化硫排放量降低幅度中，东部地区降低幅度最大，其次是中部地区，最后是西部地区。

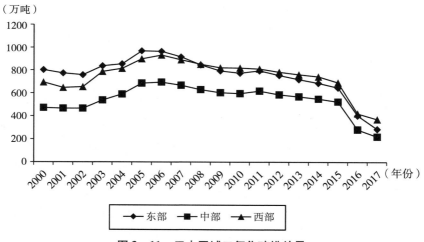

图 3－11　三大区域二氧化硫排放量

资料来源：根据《中国环境统计年鉴》等资料整理而得。

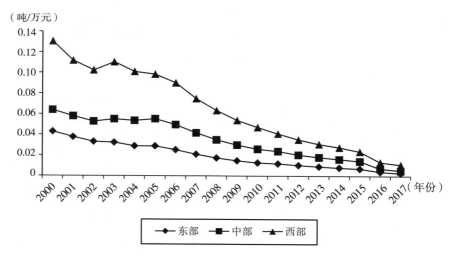

图 3－12　三大区域单位 GDP 二氧化硫排放量

资料来源：根据《中国环境统计年鉴》《中国统计年鉴》等资料整理而得。

　　图 3 - 13 显示的是三大区域烟（粉）尘排放量。从各区域的烟
（粉）尘排放量来看，各区域的烟（粉）尘排放量总体上呈波动下降趋
势，其中，在 2010 年以前，中部地区在各地区的在烟（粉）尘排放量
之中处于较高水平，而在 2010 年以后，东部地区的烟（粉）尘排放量
逐渐超过中西部地区，成为烟（粉）尘排放量最多的区域。从各区域
的烟（粉）尘排放量下降幅度来看，东部地区烟（粉）尘排放量从
2000 年的 373.05 万吨下降到 2017 年的 303.95 万吨，下降幅度达到
18.52%。中部地区烟（粉）尘排放量从 2000 年的 391.61 万吨下降到
2017 年的 221.05 万吨，下降幅度达到 43.55%。西部地区单位 GDP 烟
（粉）尘排放量从 2000 年的 400.87 万吨下降到 271.27 万吨，下降幅度
达到 32.33%。由此可知，烟（粉）尘排放量下降幅度中，中部地区下
降幅度最大，其次是西部地区，最后是东部地区。

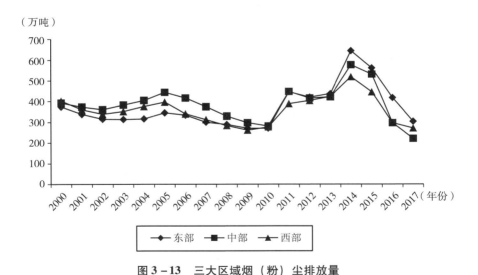

图 3 - 13　三大区域烟（粉）尘排放量

资料来源：根据《中国环境统计年鉴》等资料整理而得。

　　图 3 - 14 显示的是三大区域的单位 GDP 烟（粉）尘排放量。从各
区域的单位 GDP 烟（粉）尘排放量来看，各区域的单位 GDP 烟（粉）

尘排放量呈下降趋势，西部地区单位 GDP 烟（粉）尘量最高，其次是中部地区，最后是东部地区。从单位 GDP 烟（粉）尘排放量下降幅度来看，东部地区单位 GDP 烟（粉）尘排放量从 2000 年的 0.0200 吨/万元下降到 2017 年的 0.0029 吨/万元，下降幅度达到 85.5%。中部地区单位 GDP 烟（粉）尘排放量从 2000 年的 0.0531 吨/万元下降到 2017 年的 0.0052 吨/万元，下降幅度达到 90.21%。西部地区单位 GDP 烟（粉）尘排放量从 2000 年的 0.0756 吨/万元下降到 2017 年的 0.0080 吨/万元，下降幅度达到 89.42%。由此可知，单位 GDP 烟（粉）尘排放量降低幅度中，中部地区降低幅度最大，其次是西部地区，最后是东部地区。

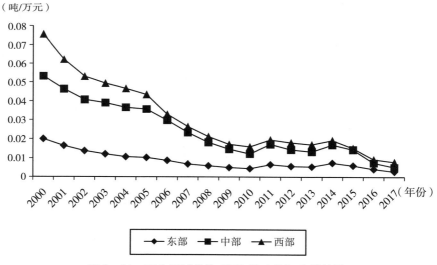

（吨/万元）

图 3-14　三大区域单位 GDP 烟（粉）尘排放量

资料来源：根据《中国环境统计年鉴》《中国统计年鉴》等资料整理而得。

（二）水污染治理状况

图 3-15 显示的是三大区域废水排放量。从各区域的废水排放量来看，各区域的废水排放量呈上升趋势，其中，东部地区的废水排放量最

高，其次是中部地区，最后是西部地区。东部和中部地区废水排放量在2015 年出现拐点，此后逐年下降。西部地区废水排放量的拐点尚未出现。从各区域的废水排放量的增加幅度来看，东部地区废水排放量从2000 年的 206.25 亿吨增加到 2017 年的 362.09 亿吨，增加幅度为75.56%。中部地区废水排放量从 2000 年的 120.25 亿吨增加到 2017 年的 180.02 亿吨，增加幅度为 49.7%。西部地区废水排放量从 2000 年的88.63 亿吨增加到 2017 年的 157.54 亿吨，增加幅度为 77.76%。由此可知，废水排放量增加幅度中，西部地区增加幅度最大，其次是东部地区，最后是中部地区。

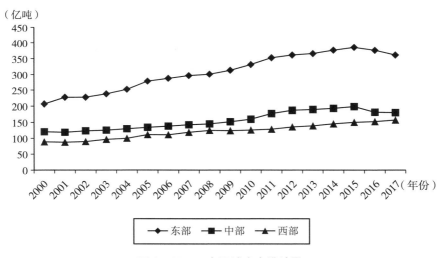

图 3 - 15　三大区域废水排放量

资料来源：根据《中国环境统计年鉴》等资料整理而得。

图 3 - 16 显示的是三大区域单位 GDP 废水排放量。从各区域的单位 GDP 废水排放量来看，各区域的单位 GDP 废水排放量呈下降趋势。其中，中部和西部地区单位 GDP 废水排放量相对较高，而东部地区单位 GDP 废水排放量相对较低。其中 2010 年之前西部地区的单位 GDP 废水排放量高于中部地区，而在 2011~2015 年，中部地区的单位 GDP 废

水排放量高于西部地区。此后，西部地区再次高于中部地区。从各区域的单位 GDP 废水排放量的降低幅度来看，东部地区单位 GDP 废水排放量从 2000 年的 110.60 吨/万元下降到 2017 年的 33.96 吨/万元，下降幅度为 62.29%。中部地区单位 GDP 废水排放量从 2000 年的 163.04 吨/万元下降到 2017 年的 42.24 吨/万元，下降幅度为 74.09%。西部地区单位 GDP 废水排放量从 2000 年的 167.08 吨/万元下降到 2017 年的 46.41 吨/万元，下降幅度为 72.22%。由此可知，单位 GDP 废水排放量降低幅度中，中部地区降低幅度最大，其次是西部地区，最后是东部地区。

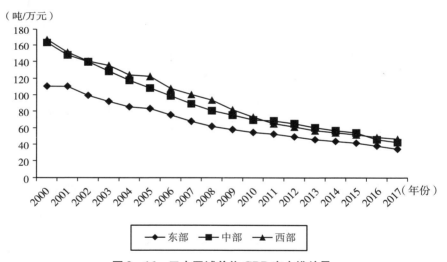

图 3–16　三大区域单位 GDP 废水排放量

资料来源：根据《中国环境统计年鉴》《中国统计年鉴》等资料整理而得。

图 3–17 显示的是三大区域化学需氧量排放量。从各区域的化学需氧量排放量来看，各区域的化学需氧量排放量总体呈下降趋势，其中，无论统计口径是否发生变化，东部地区化学需氧量排放量最高，其次是中部地区，最后是西部地区。

（万吨）

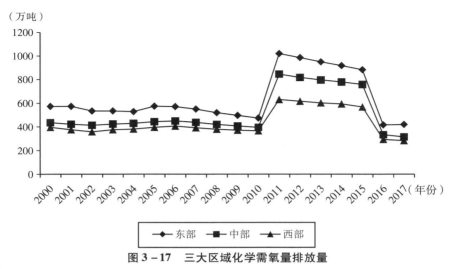

图 3 - 17 三大区域化学需氧量排放量

资料来源：根据《中国环境统计年鉴》等资料整理而得。

图 3 - 18 显示的是三大区域单位 GDP 化学需氧量排放量。从单位 GDP 化学需氧量排放量来看，各区域单位 GDP 化学需氧量排放量总体

（吨/万元）

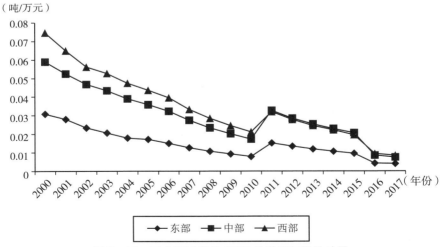

图 3 -18 三大区域单位 GDP 化学需氧量排放量

资料来源：根据《中国环境统计年鉴》《中国统计年鉴》等资料整理而得。

上呈下降趋势，其中，无论统计口径是否发生变化，东部地区单位 GDP 化学需氧量排放量最低。2000～2010 年西部地区单位 GDP 化学需氧量排放量的高于中部地区，2011～2015 年中部地区单位 GDP 化学需氧量排放量的高于西部地区，2016～2017 年西部地区的单位 GDP 化学需氧量排放量又高于中部地区。

（三）固体废弃物治理情况

图 3 - 19 显示的是三大区域工业固体废弃物排放量。从各区域工业固体废弃物排放量角度来看，各区域工业固体废弃物排放量呈下降趋势。其中，中部和西部地区工业固体废弃物排放量相对较高，东部地区工业固体废弃物排放量相对较低。2000～2015 年西部地区工业固体废弃物排放量最高。2016～2017 年中部地区工业固体废弃物排放量超过西部地区成为排放量最高的地区。从各区域工业固体废弃物排放量降低幅度角度来看，东部地区工业固体废弃物排放量从 2000 年的 285.27 万吨下降到 2017 年的 6.05 万吨，下降幅度 97.87%。中部地区工业固体废弃物排放量从 2000 年的 884.65 万吨下降到 2017 年的 38.61 万吨，下降幅度 95.64%。西部地区工业固体废弃物排放量从 2000 年的 2015.68 万吨下降到 2017 年的 28.4 万吨，下降幅度 98.59%。由此可知，工业固体废弃物排放量降低幅度中，西部地区降低幅度最大，其次是东部地区，最后是中部地区。

图 3 - 20 显示的是三大区域单位 GDP 工业固体废弃物排放量。从各区域单位 GDP 工业固体废弃物排放量来看，各区域单位 GDP 工业固体废弃物排放量呈下降趋势。其中，东部地区单位 GDP 工业固体废弃物排放量始终是最低，2000～2015 年西部地区单位 GDP 工业固体废弃物排放量要高于中部地区，2016～2017 年中部地区单位 GDP 工业固体废弃物排放量要高于西部地区。从各区域单位 GDP 工业固体废弃物排放量降低幅度来看，东部地区单位 GDP 工业固体废弃物排放量从 2000 年的 0.0153 吨/万元下降到 2017 年的 0.0001 吨/万元，下降幅度为 99.34%。中部地区

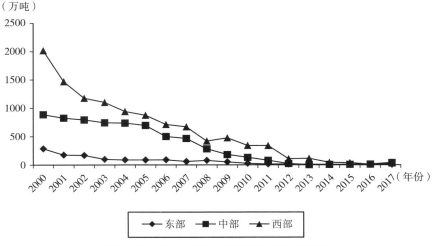

（万吨）

图 3 - 19 三大区域工业固体废弃物排放量

资料来源：根据《中国环境统计年鉴》等资料整理而得。

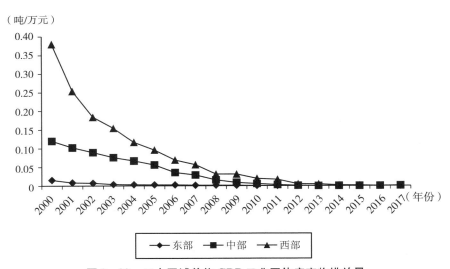

（吨/万元）

图 3 - 20 三大区域单位 GDP 工业固体废弃物排放量

资料来源：根据《中国环境统计年鉴》《中国统计年鉴》等资料整理而得。

单位 GDP 工业固体废弃物排放量从 2000 年的 0.1199 吨/万元下降到 2017 年的 0.0009 吨/万元，下降幅度为 99.24%。西部地区单位 GDP 工业固体废弃物排放量从 2000 年的 0.38 吨/万元下降到 2017 年的 0.0008 吨/万元，下降幅度为 99.78%。由此可知，单位 GDP 工业固体废弃物排放量降低幅度中，西部地区降低幅度最大，其次是东部地区，最后是中部地区。

第四节　本章小结

本章分别对环境规制的变迁、环境规制的工具以及环境规制实施效果进行介绍与分析。具体内容如下：

第一，环境规制的变迁。中国环境规制发展的轨迹大致可以分为四个相互独立又相互关联的阶段：环境规制建立阶段（1973～1992 年）；环境规制发展阶段（1992～2002 年）；环境规制调整阶段（2002～2012 年）；环境规制深化阶段（2012 年至今）。

第二，环境规制的工具。本书分别对命令控制型环境规制工具中常用的"三同时"制度、环境影响评价制度、排污许可证制度和环境保护标准制度，市场激励型环境规制工具中常用的排污收费制度、环境保护税制度、排污权交易制度、环境补贴制度以及自愿型环境规制工具中常用的环境公众参与制度、环境信息公开制度等内容进行了详细的介绍。

第三，环境规制实施的效果。本书分别从全国和区域两个角度介绍了大气、水和固体废弃物中的污染物排放量以及单位 GDP 污染物排放量状况，来反映环境规制实施的效果。研究发现：（1）从全国层面来看，大气污染中的二氧化硫排放量和烟（粉）尘排放量总体上呈现波动下降趋势；水污染中的化学需氧量排放量总体上呈现波动下降趋势，而废水排放量出现上升趋势；固体废弃物污染中的工业固体废弃物排放量呈现下降趋势。大气污染中单位 GDP 二氧化硫排放量和单位 GDP 烟

（粉）尘排放量呈现下降趋势。水污染中的单位 GDP 废水排放量和单位 GDP 化学需氧量排放量呈现下降趋势。固体废弃物污染中单位 GDP 工业固体废弃物排放量呈现下降趋势。（2）从区域层面来看，大气污染中的各区域二氧化硫排放量呈波动下降趋势，东西部地区排放量较多，而中部地区排放量较少；各区域烟（粉）尘排放量呈波动下降趋势，东中部地区排放量较多，而西部地区排放量较少。水污染中的各区域废水排放量呈上升趋势，东部地区排放量最多，其次是中部地区，最后是西部地区；各地区化学需氧量排放量总体呈现波动下降趋势，东部地区排放最多，其次是中部地区，最后是西部地区。在固体废弃物污染中，各地区工业固体废弃物排放量呈下降趋势，中西部地区排放量较多，东部地区排放量较少。大气污染中各区域单位 GDP 二氧化硫排放量呈下降趋势，西部地区排放量最多，其次是中部地区，最后是东部地区；各地区单位 GDP 烟（粉）尘排放量总体上呈波动下降趋势，西部地区排放量最多，其次是中部地区，最后是东部地区。水污染中的各区域单位 GDP 废水排放量呈下降趋势，中西部地区排放量较多，而东部地区排放量较少。各区域单位 GDP 化学需氧量排放量总体呈现下降趋势，中西部地区排放量较多，东部地区的排放量较少。在固体废弃物治理中，各区域单位 GDP 工业固体废弃物排放量呈下降趋势，中西部地区排放量较多，东部地区排放量较少。

第四章

绿色经济增长测算、现状
及收敛分析

中国经济在快速增长的过程中引发了严重的环境问题，同时频发的环境问题又会降低中国经济增长的水平。传统的经济增长没有将环境污染等因素纳入其中，难以反映一个国家或地区的真实经济增长水平，而绿色经济增长在传统经济增长的基础上纳入环境污染等因素，更能反映一个国家或地区真实经济增长水平。

第一节　绿色经济增长测算方法

对绿色经济增长进行科学测量是开展相关领域研究的基础与核心。由于绿色经济增长本身是不可以直接观测的。因此，大多数研究者往往采用计量经济学或数据规划方法对其进行科学的测量。所谓绿色经济增长强调转变以往高能耗高污染的粗放型增长模式，在经济发展过程中尽量降低能源等要素投入，减少污染物的排放，实现各种生产要素充分使用并提高经济产出的集约型增长模式，这本质上就是提高绿色全要素生产率。而绿色全要素生产率（gtfp）是对传统全要素生产率的修订，在原有的资本、劳动力和经济产出等要素的基础上又添加了环境污染和能源消耗两种要素，不仅能够衡量技术进步率和经济增长的效果，而且也能够衡量节能减排的效果，是目前衡量绿色经济增长较为常用的指标（胡琰欣等，2019）。因此，本书选择绿色全要素生产率作为绿色经济增长的衡量指标。而绿色经济全要素生产率测量方法又是影响绿色全要素生产率测量结果的重要环节。

一、参数方法

（一）代数指数法

代数指数法是阿布拉莫维茨（Abramvitz）在1956年首次提出的，主要用产出数量指数与所有投入要素加权指数之比来表示全要素生产率。假设在生产过程中需要投入劳动力的数量为 L_t，需要投入的资本数量为 K_t，劳动和资本的价格分别用工资率 w_t 和利率 r_t 来表示，生产的总成本可以表示为 $K_t r_t + L_t w_t$，生产出来的商品数量为 Q_t，商品价格为 P_t，则总产出可以表示为 $P_t Q_t$，在规模收益不变和完全竞争的环境中，总成本等于总产出。即：

$$P_t Q_t = K_t r_t + L_t w_t \qquad (4-1)$$

由于技术进步在经济发展过程中起着重要的作用，所以可将公式（4-1）改写为：

$$P_0 Q_t = TFP_t (K_t r_0 + L_t w_0) \qquad (4-2)$$

其中，P_0 表示基期的商品价格，r_0 表示基期的利率，w_0 表示基期的工资率，而 TFP_t 为技术进步对经济产出的影响，即全要素生产率。由公式（4-2）推导可得：

$$TFP_t = \frac{P_0 Q_t}{K_t r_0 + L_t w_0} \qquad (4-3)$$

公式（4-3）表示的是全要素生产率的代数指数公式。虽然，此后经济学家们从不同角度又提出了不同形式的全要素生产率代数指数公式，但其基本思想一样。由于没有设定具体的生产函数，且假定边际生产率是恒定的且劳动与资本之间可以完全替代，显然与实际相违背。因此，其仅仅是一种概念化的方法，并不适合实证研究。

（二）索洛余值法

索洛余值法是索洛在 1957 年首次提出的，是核算经济增长源泉的常见方法，该方法主要思路是先构建资本、劳动与总产出生产函数，然后从总产出增长中刨掉资本和劳动贡献部分，剩余的总产出便是由技术进步贡献的，以此测算全要素生产率。在使用索洛余值法之前需要采用经验估计法、计量经济法以及收入份额法等方法确定劳动与资本的产出弹性。经验估计法通常根据经验知识进行设定，该方法虽然操作简单，但将劳动与资本的产出弹性确定为固定常数，与实际情况相悖。计量经济法主要采用生产回归模型进行估算，一般用超越对数生产函数或柯布－道格拉斯生产函数等对劳动与资本的产出弹性估算，但超越对数生产函数比柯布－道格拉斯生产函数的计量模型更为复杂。因此，确定劳动与资本的产出弹性时，国内学者通常采用柯布－道格拉斯生产函数来进行测算。收入份额法根据劳动报酬与资本报酬占净产出的比例进行估算，根据收入份额估算劳动与资本的产出弹性，一般应用于超越对数生产函数或柯布－道格拉斯生产函数测算全要素生产率。索洛余值法需要建立在希克斯中性技术、规模收益不变以及完全竞争的假设条件下，这与现实情况相悖。同时以上假设意味着生产单元的生产一直处于生产可能性边界之上，即生产单元的技术效率是最有效的，不存在改进余地，但现实情况可能是生产单元未在生产可能性边界上进行生产，存在一定改进余地。据此可知，索洛余值法认为技术进步是导致全要素生产率增长的唯一原因，并没有考虑到生产单元的生产与生产可能性边界的差距问题，而随机前沿生产函数法能将全要素生产率变动进行了分解，一定程度上弥补了索洛余值法的缺陷。

（三）随机前沿生产函数法

随机前沿生产函数法是艾格纳和缪森（Aigner and Meeusen）在1977 年首次提出的。该方法强调必须事先构造具体的生产函数形式，并假定误差项分布形式以及样本统计特征。采用多种方法对生产函数中的参数进行估计，进而构造出生产前沿面的前沿生产函数，然后将实际值与生产前沿值进行比较，就可以得到相应的效率值。随机前沿生产函数的模型可以表示为：

$$Y_i = x_i \beta + (V_i - U_i) \qquad (4-4)$$

其中，x_i 和 Y_i 分别表示的是第 i 个企业的投入和产出，β 表示的是待估计的参数，V_i 表示的是随机误差项，U_i 表示的是技术损失误差项。随机前沿生产模型在模型设定上允许随机误差的存在，并将生产无效性因素分为企业可以控制的影响因素和企业不可以控制的影响因素，相比传统的生产函数更符合现实情况。但该方法最大的缺陷在于必须假定具体的生产函数形式，与我国复杂的社会经济现状不符。

二、非参数方法

（一）DEA – CCR 模型和 DEA – BCC 模型

DEA – CCR 模型是查尔斯（Charnes）、库珀（Cooper）和罗德斯（Rhodes）三人在 1978 年首次提出的，主要用于评价相同部门间的相对有效性，后来采用三人姓氏的首字母定义模型名称，即 CCR 模型。该模型假设在生产规模收益不变的条件下（即产出和投入同比例的增减），评价决策单元的综合技术效率。综合技术效率包括了技术效率和规模效率两个部分。假设有 n 个决策单元（DMU），记为 DMU_j（$j = 1, 2, \cdots, n$）。每个 DMU 有 m 种投入向量，记为 x_i（$i = 1, 2, \cdots, m$），每个 DMU 有 q 种产出向量，记为 y_r（$r = 1, 2, \cdots, q$），λ 是权重向量。产出导向 CCR 模型的规划式为：

$$\max \varphi$$
$$s.t. \sum_{j=1}^{n} \lambda_j x_{ij} \leqslant x_{ik}$$
$$\sum_{j=1}^{n} \lambda_j y_{rj} \leqslant \varphi y_{rk}$$

$$\lambda \geqslant 0 \tag{4-5}$$

被评价效率值为 $1/\varphi^{*}$（$\varphi^{*} \geqslant 1$），其中 φ^{*} 表示的是模型最优解。表示在现有技术条件下，决策单元在投入既定的情况下，所能够实现的最大产出比例为 $\varphi^{*} - 1$。φ^{*} 越大，表示效率越低，决策单元可以增长的幅度越大。

DEA – BCC 模型是班克（Banker）、查尔斯（Charnes）和库珀（Cooper）三人在 1984 年首次提出的，该模型是假设在生产规模收益可变的条件下，剔除规模效率影响的纯技术效率。之后也是以三位作者的姓氏首字母命名该模型，即 BCC 模型。产出导向 BCC 模型的规划式为：

$$\max \theta$$

$$s.\ t.\ \sum_{j=1}^{n} \lambda_j x_{ij} \leqslant x_{ik}$$

$$\sum_{j=1}^{n} \lambda_j y_{rj} \leqslant \varphi y_{rk}$$

$$\sum_{j=1}^{n} \lambda_j = 1$$

$$\lambda \geqslant 0 \tag{4-6}$$

其与产出导向的 CCR 模型相比增加了约束条件 $\sum_{j=1}^{n} \lambda_j = 1$。

无论是 DEA – CCR 模型还是 DEA – BCC 模型均采用径向的、角度的测量模式，都强调以最小投入获得最大产出，但却忽视了可能存在污染物等非期望产出。而 DEA – CCR 模型和 DEA – BCC 模型都不能解决产出中的非期望产出问题。一些学者对此问题进了一些有益的尝试，他们对非期望产出的处理主要有三种方式：一是方向距离函数法。针对非期望产出的效率评价问题，主要根据决策者的意愿确定改进效率方向，进而实现有效评价。二是在投入变量中加入非期望产出。虽然此种方法能解决模型中的非期望产出问题，但此种测算方法可能扭曲投入产出关系，造成评价结果不准确。三是转换函数法。主要包括三种形式：（1）负产出法。先将非期望产出负值化处理，然后通过转换向量转化为正值，但此种方法必须要求在规模收益可变条件下才能进行求解。（2）线性数据转化处理法。主要利用线性函数把非期望产出转换成期望产出，并采取适当的方式进行保证期望产出值为正，但由于不能保证分类的一致性，一旦运用到 CCR 模型可能会导致评价结果不准确。（3）非线性数据转化处理法。主要是将非期望产出利用非线性数据转化函数转换为期望产出的形式，其主要缺陷是可能不满足模型凸性要求。

综上可知，虽然一些学者对 DEA－CCR 模型和 DEA－BCC 模型中的非期望产出做了适当的处理，以解决 DEA－CCR 模型和 DEA－BCC 模型不能处理非期望产出的问题，但是现有的非期望产出处理方法不够科学，影响评价结果的准确性，同时 DEA－CCR 模型和 DEA－BCC 模型中仍存在投入产出的松弛性问题，进而导致评价结果的偏差。因此，非径向、非角度的 SBM 模型便应运而生。

（二）SBM 模型

在径向 DEA 模型中，DMU 的无效率部分表示为当前值与目标值的差距，这种差距表现在两个方面：一是需要松弛改进的部分，二是需要等比例改进的部分。而径向 DEA 模型对效率值的测度只考虑了等比例改进的部分，未能考虑松弛改进的部分，因而易造成评价结果的偏差。针对以上不足，托恩（Tone，2001）提出了 SBM 模型［公式（4－7）］，该模型假设有 n 个决策单元（DMU），记为 DMU_j（j＝1，2，…，n）。每个决策单元的投入变量为 $x \in R^m$，矩阵 $X = [x_1, \cdots, x_n] \in R^{m \times n}$，每个决策单元的产出变量为 $y \in R^{q_1}$，矩阵 $Y = [y_1, \cdots, y_n] \in R^{q_1 \times n}$，λ 是权重向量，s 表示的是投入产出的松弛变量，ρ 表示的是被评价决策单元的效率值。由于 SBM 模型对无效率的测度考虑了投入和产出两个方面因素，因此也被称为非导向 SBM 模型，其投入产出数据均不能为 0，投入和产出的无效率分别表示为 $\frac{1}{m} \sum_{i=1}^{m} s_i^- / x_{ik}$，$\frac{1}{q} \sum_{r=1}^{q} s_i^+ / y_{rk}$。

$$\min\rho = \frac{1 - \dfrac{1}{m} \sum_{i=1}^{m} s_i^- / x_{ik}}{1 + \dfrac{1}{q} \sum_{r=1}^{q} s_r^+ / y_{rk}}$$

$$\text{s. t. } X\lambda + s^- = x_k$$

$$Y\lambda + s^+ = y_k$$

$$\lambda, \ s^-, \ s^+ \geqslant 0 \qquad\qquad (4-7)$$

如果模型中的 ρ^* 等于 1，$s^- = 0$，$s^+ = 0$，则说明被评价 DMU 为强有效。如果当模型中的 ρ^* 小于 1，则说明被评价 DMU 为无效。SBM 模型与径向模型测度无效率的方法所有不同，其主要采用各项投入（产出）可以缩减（增加）的平均比例来衡量。此后，托恩对 SBM 模型进行改进，建立了非期望产出的 SBM 模型［公式（4-8）］，该模型假设有 n 个决策单元（DMU），记为 DMU_j（$j = 1, 2, \cdots, n$）。每个决策单元的投入变量为 $X \in R^m$，矩阵 $X = [x_1, \cdots, x_n] \in R^{m \times n}$，每个决策单元的期望产出变量为 $Y \in R^{q_1}$，矩阵 $Y = [y_1, \cdots, y_n] \in R^{q_1 \times n}$，每个决策单元的非期望产出变量为 $B \in R^{q_2}$，矩阵 $B = [b_1, \cdots, b_n] \in R^{q_2 \times n}$，其中 X、Y、B 均大于 0。

$$\min\rho = \frac{1 - \dfrac{1}{m} \sum_{i=1}^{m} s_i^- / x_{ik}}{1 + \dfrac{1}{q} \left(\sum_{r=1}^{q_1} s_r^+ / y_{rk} + \sum_{i=1}^{q_2} s_i^- / b_{rk} \right)}$$

$$\text{s. t. } X\lambda + s^- = x_k$$

$$Y\lambda + s^+ = y_k$$

$$B\lambda + s^{b-} = b_k$$

$$\lambda, \ s^-, \ s^+ \geqslant 0 \qquad\qquad (4-8)$$

如果非期望产出 SBM 模型中的 ρ^* 等于 1，$s^- = 0$，$s^+ = 0$，$s^{b-} = 0$，则表明决策单元是强有效的。如果 ρ^* 小于 1，则表明决策单元是无效的，存在进一步改进的余地。

SBM 模型与传统的径向 DEA 模型相比，一是在测度无效率时考虑了松弛变量的问题；二是可以避免由于径向和角度选择而带来的偏差问题；三是更科学地处理了非期望产出的效率评价问题。但该模型存在不能解决投入与产出变量同时具有径向和非径向特征的问题。因此，EBM 模型便应运而生。

（三）EBM 模型

当模型中存在非期望产出时，污染物排放与能源、资源等消耗具有"不可分"的径向关系，而经济产出与资本、劳动力等投入要素具有"可分"的径向关系，由于 SBM 模型难以处理同时具有径向和非径向的问题。为此，托恩等（Tone et al.，2010）提出了 EBM 模型［公式（4-9）］，该模型同时兼容了径向和非径向两类函数的混合模型。EBM 模型中 γ^* 表示最佳效率值，当 $\gamma^* = 1$ 时，说明被评价 DMU 为强有效。该模型假设有 n 个决策单元（DMU），记为 DMU_j（j = 1，2，…，n），当前要测量的 DMU 记为 DMU_k，x_{ik} 表示第 k 个 DMU 的第 i 种投入，y_{rk} 表示第 k 个 DMU 的第 r 种产出。m 表示投入数量，s 表示产出数量，θ 表示径向部分的规划参数，λ 是决策单元的线性组合系数，ω_i^- 表示各项投入指标的重要程度，s_i^- 表示第 i 个投入要素的松弛变量，ε_x 表示一个关键参数，即非径向部分在效率值计算过程中的权重，取值在 0 到 1 之间。

$$\gamma^* = \min\theta - \varepsilon_x \sum_{i=1}^{m} \frac{\omega_i^- s_i^-}{x_{ik}}$$

$$s.t. \sum_{j=1}^{n} x_{ij} \lambda_j + s_i^- = \theta x_{ik} , \ i = 1, 2, 3, \cdots, m$$

$$\sum_{j=1}^{n} y_{rj} \lambda_j \geqslant y_{rk} , \ r = 1, 2, 3, \cdots, s$$

$$\lambda_j \geqslant 0 , \ s_i^- \geqslant 0 \qquad\qquad (4-9)$$

由于本书研究涉及非期望产出，参考胡晓琳（2016）、范洪敏（2018）做法将非期望产出的 EBM 模型表示为：

$$\gamma^* = \min \frac{\theta - \varepsilon_x \sum\limits_{i=1}^{m} \frac{\omega_i^- s_i^-}{x_{ik}}}{\varphi + \varepsilon_y \sum\limits_{r=1}^{s} \frac{\omega_r^+ s_r^+}{y_{rk}} + \varepsilon_b \sum\limits_{p=1}^{q} \frac{\omega_p^{b-} s_p^{b-}}{b_{pk}}}$$

$$\text{s. t.} \sum_{j=1}^{n} x_{ij} \lambda_j + s_i^- = \theta x_{ik}, \quad i = 1, 2, 3, \cdots, m$$

$$\sum_{j=1}^{n} y_{ij} \lambda_j - s_i^+ = \varphi y_{rk}, \quad r = 1, 2, 3, \cdots, s$$

$$\sum_{p=1}^{n} b_{ij} \lambda_j + s_p^{b-} = \varphi b_{ik}, \quad p = 1, 2, 3, \cdots, q$$

$$\lambda_j \geqslant 0, \quad s_i^-, \quad s_r^+, \quad s_p^{b-} \geqslant 0 \qquad (4-10)$$

在公式（4-10）中，ω_p^{b-} 和 ω_r^+ 分别表示第 p 种非期望产出和第 r 种期望产出指标的权重，s_p^{b-} 和 s_r^+ 分别表示第 p 种非期望产出和第 r 种期望产出的松弛变量，b_{tk} 表示第 k 个决策单元的第 t 种非期望产出。

三、曼奎斯特—伦伯格（Malmquist – Luenberger）指数测算方法

DEA 模型主要测量的是某一时期的生产技术，难以对不同时期生产技术的动态变化情况进行测量。曼奎斯特（Malmquist）指数能够利用多个时间点的数据对生产率变动等情况进行测量。1953 年瑞典经济学家曼奎斯特在分析消费过程中首次提出该指数。1982 年卡韦斯等（Caves et al.）在 Malmquist 指数的基础上提出了专门用于测算全要素生产率的变化的 Malmquist 生产率指数。1994 年法勒等（Fare et al.）首次将 Malmquist 指数与 DEA 相结合，并将 Malmquist 指数分解为技术变化率（TC）和技术效率的变化（EC）两部分。1997 年劳埃等在 Malmquist 指数的基础上纳入了坏产出部分，提出了 Malmquist – Luenbenrger 指数。

法勒等用两个 Malmquist 指数的几何平均值来表示评价决策单元的 Malmquist 指数。从时期 t 到 t + 1 的 Malmquist 指数由 [公式 (4 – 11)] 表示，其中，$E^t(x^t, y^t, b^t)$ 表示 DMU 在 t 时期的技术效率值，$E^{t+1}(x^{t+1}, y^{t+1}, b^{t+1})$ 表示 DMU 在 t + 1 时期的技术效率值。

$$ML(x^{t+1}, y^{t+1}, b^{t+1}, x^t, y^t, b^t) =$$

$$\sqrt{\frac{E^t(x^{t+1}, y^{t+1}, b^{t+1})}{E^t(x^t, y^t, b^t)} \frac{E^{t+1}(x^{t+1}, y^{t+1}, b^{t+1})}{E^{t+1}(x^t, y^t, b^t)}} \qquad (4-11)$$

公式 (4 – 12) 表示两个时期的技术效率变化，当 EC > 1 时，表示技术效率提升。

$$EC = \frac{E^{t+1}(x^{t+1}, y^{t+1}, b^{t+1})}{E^t(x^t, y^t, b^t)} \qquad (4-12)$$

公式 (4 – 13) 表示两个时期的技术变化，当 TC > 1 时，表示技术进步。

$$TC = \sqrt{\frac{E^t(x^t, y^t, b^t)}{E^{t+1}(x^t, y^t, b^t)} \frac{E^t(x^{t+1}, y^{t+1}, b^{t+1})}{E^{t+1}(x^{t+1}, y^{t+1}, b^{t+1})}} \qquad (4-13)$$

Malmquist 指数可以分解为技术效率变化和技术变化两部分 [公式 (4 – 14)]，即 ML = EC × TC。

$$ML(x^{t+1}, y^{t+1}, b^{t+1}, x^t, y^t, b^t)$$

$$= \sqrt{\frac{E^t(x^{t+1}, y^{t+1}, b^{t+1})}{E^t(x^t, y^t, b^t)} \frac{E^{t+1}(x^{t+1}, y^{t+1}, b^{t+1})}{E^{t+1}(x^t, y^t, b^t)}}$$

$$= \frac{E^{t+1}(x^{t+1}, y^{t+1}, b^{t+1})}{E^t(x^t, y^t, b^t)}$$

$$\sqrt{\frac{E^t(x^t, y^t, b^t)}{E^{t+1}(x^t, y^t, b^t)} \frac{E^t(x^{t+1}, y^{t+1}, b^{t+1})}{E^{t+1}(x^{t+1}, y^{t+1}, b^{t+1})}} \qquad (4-14)$$

综上分析，本书主要运用 EBM 模型结合 Malmquist – Luenberger 指数对各省绿色全要素生产率进行测算，并将其定义为绿色经济增长 (GTFP)。

第二节　绿色经济增长测算指标选取

一、样本选取及数据来源

囿于相关数据的限制，本书主要选取 1997～2015 年 30 个省级行政单位（剔除西藏以及港澳台地区）数据作为研究样本来测算绿色经济增长状况。之所以将研究的起始年份定位 1997 年，主要因为 1997 年 3 月 14 日，第八届全国人大五次会议批准设立重庆为直辖市，撤销原重庆市。1997 年 6 月 18 日，重庆直辖市政府机构正式挂牌。在此之前重庆市的各项统计数据都并入到四川省，无法进行有效提取，估算可能导致严重误差。截止时间选择 2015 年主要因为统计年鉴中的工业废气排放量和工业废水排放量的数据只统计到 2015 年，在此之后不再统计两者的数据，工业废气排放量和工业废水排放量作为绿色经济增长测算指标体系中非期望产出的重要组成部分，如果采用估算方法补全，一方面可能扭曲绿色经济增长的真实状况，另一方面可能造成后文的实证分析受到估算数据的影响，进而导致分析结果不准确。为了保障数据的科学性、准确性以及权威性，本章数据均来源于官方统计年鉴。其中，国内生产总值数据来源于《中国统计年鉴》，劳动力数据来源于《中国人口与就业统计年鉴》，固定资本数据来源于《中国固定资产投资统计年鉴》，能源数据来源于《中国能源统计年鉴》，工业废水排放量、工业废气排放量、一般工业固体废弃物产生量数据均来自《中国环境年鉴》。

二、投入指标选取

(一) 劳动力投入指标

国外学者主要采用每小时工资来表示劳动力投入指标，该指标能够更加真实地反映在价值创造过程中劳动量所做的贡献。然而我国的社会主义市场经济还处在不断完善的过程中，有关劳动量方面的统计数据尚不够健全，考虑数据的可得性和完整性，本书选取国内学术界通常采用的各省年末的就业量作为劳动投入的替代变量。

(二) 资本投入指标

国内大部分学者采用资本存量来表示资本投入指标。资本存量一般采用永续盘存法进行估算。在测算之前需要对资本积累的基期、资本折旧率、固定资产价格指数、投资额等关键指标进行清晰界定。本书将资本积累的基期设定为 1978 年，固定资产价格指数主要采用各省份的固定资产投资价格指数作为替代变量。投资额主要选用固定资产投资作为替代变量。关于折旧率的计算主要有两种算法：一种是张军（2004）的计算方法，将中国省份的固定资本形成总额的经济折旧率设为 9.6%。另一种是单豪杰（2008）的计算方法，将中国省份的固定资本形成总额的经济折旧率设定为 10.96%。本书主要采用单豪杰的折旧率计算方法，将固定资本形成总额的经济折旧率设定为 10.96%，具体的计算公式为：

$$K_{it} = I_{it} + (1 - \delta_t) K_{it-1} \qquad (4-15)$$

其中，K_{it} 表示 i 省 t 时期的固定资本存量，I_{it} 表示 i 省 t 时期的当年投资（以 1978 年为基期按照固定资产投资价格指数进行折算），δ_t 表示 t 年的折旧率。

(三) 能源投入指标

现有的研究大部分学者采用的是能源消费量来表示能源投入指标。

能源既是经济发展的重要推动力，又是污染物排放的主要来源。由于我国各地区的能源消费具有较大差别，本书将各地区的煤炭、石油等多种能源消费统一折算"万吨标准煤"，作为能源投入的替代变量。

三、产出指标选取

（一）期望产出指标

由于经济发展的最终结果主要体现在 GDP 上。因此，本书采用各省份 GDP 作为期望产出结果，为了更好地对各年 GDP 数值进行比较，本书以 1978 年为基期，消除价格因素影响，计算出各个省份 GDP 的实际值。

（二）非期望产出指标

由于工业是污染物产生的主要来源，工业污染物排放能够反映经济活动对环境造成破坏的程度，本书借鉴傅京燕等（2018）的做法，主要从废气、废水和废渣三个角度，分别选取工业废气排放量、工业废水排放量以及一般工业固体废弃物产生量作为非期望产出变量。

第三节　绿色经济增长现状分析

一、全国绿色经济增长分析

根据绿色经济增长的测算结果（见表 4 - 1）可知，1997 ～ 2015 年整个样本期间绿色经济增长平均值为 1.0074，说明在这期间我国绿色经济增长平均增长率为 0.74%。总体来看，我国经济正在扭转粗放型的经济发展方式，向绿色经济增长方向转变。本书进一步绘制了绿色经济增长变化趋势图，从而更直观地展现我国绿色经济增长的动态变化状况。从图 4 – 1 可知，我国绿色经济增长整体呈现先下降后上升趋势。具体来看：（1）在 1997～2009 年我国绿色经济增长呈现波动式下降趋势。在此期间，1997 年亚洲爆发金融危机，对中国经济发展产生了冲击，一定程度上降低了绿色经济增长水平。而随着亚洲金融危机影响因素逐渐消除，2000 年绿色经济增长水平开始出现回升，到 2002 年绿色经济增长水平达到最高点，主要是由于 2001 年底中国加入世界贸易组织（WTO），有利于中国参与国际经济合作和国际分工，提高中国经济效率。与此同时，2002 年中国的外商直接投资规模较之前有明显的提升，外商直接投资的增加一方面增加了资本水平，有助于中国的资本深化，提升生产效率，另一方面也带来了外国先进的管理理念与技术，提高资源使用效率，降低污染排放，从而短时间内推动了绿色经济增长的快速提升。此后，我国绿色经济增长又呈现波动下降趋势，主要是由于此时中国经济仍以粗放型发展方式为主，在实现经济快速发展的同时加剧了资源浪费和环境污染，特别是 2008 年爆发的国际金融危机使中国面临经济下滑的风险，为了避免经济的大幅波动，中国政府采取大规模的经济刺激政策，虽然中国经济未出现下滑，中国经济规模总量有所提高，但也在一定程度上带来了过剩产能，加剧了环境污染，导致绿色经济增长出现下降趋势。（2）2009～2015 年我国绿色经济增长呈现稳步上升趋势。在此期间，国家提出了坚持在发展中保护、在保护中发展，同时把节约环保融入经济社会发展的各个方面，实现资源环境、社会以及经济效益的不断提升。党的十八大将生态文明建设纳入"五位一体"总体布局。在此背景下，加大了对环境保护的力度，加强了环境稽查程度，强化了环境管理。同时，我国不断转变经济发展方式，实现产业结构调整，加大对创新扶持力度并提升对外开放水平，极大地提高了资源的使用效率，降低了污染物的排放，促进了绿色经济增长。

表 4 - 1　　　　　　1997 ~ 2015 全国绿色经济增长及其分解

年份	GTFP	EC	TC
1997	1.029616	0.994082	1.036371
1998	1.006506	1.002495	1.003865
1999	0.996732	0.999341	0.997730
2000	1.025471	1.017187	1.008032
2001	1.013435	1.030310	0.984985
2002	1.044381	1.023993	1.020904
2003	0.994232	0.966885	1.029846
2004	1.009634	0.983211	1.027253
2005	0.995336	1.010310	0.986848
2006	0.996552	0.971954	1.027677
2007	1.015033	0.984788	1.030893
2008	1.009277	0.989403	1.020287
2009	0.987708	0.987480	1.000049
2010	0.988587	0.976623	1.012487
2011	0.997354	1.010989	0.989237
2012	0.996013	0.979759	1.016909
2013	1.009017	0.991348	1.018010
2014	1.003816	0.999089	1.005004
2015	1.022208	1.008530	1.013522
平均值	1.007416	0.996199	1.012101

资料来源：作者测算整理。

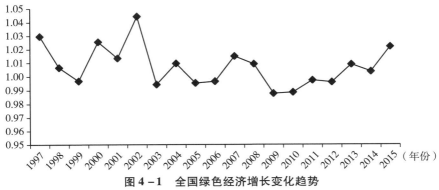

图4-1 全国绿色经济增长变化趋势

资料来源：作者测算整理。

为了更好地了解我国绿色经济增长水平上升或下降的来源。本书进一步将绿色经济增长分解为绿色技术效率指数和绿色技术进步指数，以考察1997~2015年间我国绿色经济增长水平上升或下降的主要来源。通过测算结果可知（见表4-1），整体来看，我国绿色技术进步指数平均值为1.0121，说明我国绿色技术进步平均增长率为1.21%。我国绿色技术效率指数的平均值为0.9962，说明我国绿色技术效率平均增长率为-0.38%。由此可知，在此期间我国绿色经济增长水平提升主要源于绿色技术进步。分阶段来看，我国绿色经济增长来源呈现阶段化特征，2006年之前，绿色经济增长水平提升既有来自绿色技术水平的提高，也有源于绿色技术效率的改善。在这段时间内，当面对环境保护压力时，一方面在资金有限的情况下，企业通过改善管理、提高资源利用率等方式提升绿色技术效率水平实现绿色经济增长；另一方面企业通过引进技术、进行自主研发等方式推动绿色技术进步实现绿色经济增长。2006年以后，绿色经济增长水平提升更主要来源于绿色技术进步水平的提升。主要原因是党的十七大明确提出用科技推动经济社会的发展，党的十八大提出实施创新驱动发展战略以及《国家创新驱动发展战略纲要》的颁布实施，体现了国家对技术创新重视程度。在此背景下，各个地区的政府也增加了对环境技术支持的力度，分别对环保技术等相关技术研发提供了一定的税收优惠政策以及相应的财政补贴，进而引导企业加大对环境技术的研发投入，推动了绿色技术进步。与此同时，我国绿色技术效率水平呈现下降趋势，应该予以重视。

二、区域绿色经济增长比较分析

我国东中西部地区自然地理环境、资源禀赋、经济社会制度、风土人情以及经济发展水平等方面存在较大的差异，绿色经济增长是否也会随着地区之间的差异而呈现异质性呢？本节考察了 1997～2015 年间我国东中西部地区绿色经济增长的平均值差异，结果显示（见表 4-2）：（1）1997～2015 年间我国东部地区绿色经济增长平均值为 1.0178，表明我国东部地区绿色经济增长水平较高，东部地区绿色经济增长平均增长率为 1.78%。（2）1997～2015 年期间我国中部地区绿色经济增长平均值为 1.0048，表明我国中部地区绿色经济增长得到改善，中部地区绿色经济增长平均增长率为 0.48%。（3）1997～2015 年间我国西部地区绿色经济增长平均值为 0.9990，表明西部地区绿色经济增长水平出现下降，西部地区绿色经济增长平均增长率为 -0.1%。产生这种现象的主要原因是：我国东部地区经济发展起步较早，经济发展水平高，人均受教育程度更好、环保意识更强，加之产业结构趋于高级化和合理化等方面因素，促进了经济发展水平的提高和环境质量的改善，进而提升东部地区绿色经济增长水平；中部地区近些年来经济得到迅速发展，产业结构在承接东部产业结构转移的过程中不断完善，对资源的利用较为充分，环境污染也有所降低，进而实现了绿色经济增长；西部地区社会经济发展水平较低，生态环境较为脆弱，在经济发展过程中一定程度了造成了环境破坏，加重了环境污染，从而导致绿色经济增长水平下降。由于平均值只能观察到 1997～2015 年期间我国东中西部地区的绿色经济增长的平均变化情况，而无法观察其动态变化。因此，本书进一步绘制了 1997～2015 年我国东中西部地区绿色经济增长变化趋势。通过图 4-2 可知，1997～2015 年间，我国东部地区绿色经济增长大部分时间要高于中西部地区。东部地区仅仅在 2011 年绿色经济增长水平低于 1，其余时间都超过1，说明东部地区绿色经济增长整体水平较高，但增速逐渐放缓。2004年开始中部地区的绿色经济增长状况有所下降，主要原因是2004年中国政府提出了中部崛起战略，加大了对中部地区的开发力度，由于东部地区一些污染型企业的内迁，加剧了当地环境的压力，进而导致2005～2010年中部绿色经济增长水平有所下降。此后随着在经济发展过程中对环境的重视，绿色经济增长状况得到逐渐改善。1998年开始西部地区的绿色经济增长水平有所提高，2000～2002年绿色经济增长速度较快，主要因为2000年中国政府提出西部大开发战略，刚开始实施时促进了西部经济发展，提高资源的效率，但是2003～2010年可能在发展过程中忽视了环境问题，造成了绿色经济增长下降，此后随着对环境保护的重视，西部地区的绿色经济增长速度不断提升，2013年超过中部地区，2015年超过了东部。

表4-2　　　　　1997～2015年三大区域绿色经济增长及其分解

年份	东部			中部			西部		
	GTFP	EC	TC	GTFP	EC	TC	GTFP	EC	TC
1997	1.0525	0.9918	1.0619	1.0250	1.0012	1.0242	1.0101	0.9911	1.0197
1998	1.0313	1.0135	1.0174	1.0106	1.0088	1.0014	0.9787	0.9869	0.9920
1999	1.0220	1.0047	1.0175	0.9777	0.9949	0.9828	0.9853	0.9972	0.9888
2000	1.0328	1.0095	1.0227	1.0377	1.0224	1.0150	1.0093	1.0211	0.9883
2001	1.0071	0.9958	1.0112	1.0333	1.0769	0.9613	1.0053	1.0310	0.9760
2002	1.0371	1.0237	1.0157	1.0375	1.0178	1.0193	1.0566	1.0288	1.0273
2003	1.0151	0.9766	1.0439	1.0167	0.9787	1.0386	0.9570	0.9486	1.0095
2004	1.0086	0.9967	1.0120	1.0287	0.9848	1.0448	0.9968	0.9686	1.0298
2005	1.0021	1.0271	0.9795	0.9910	0.9969	0.9943	0.9917	1.0033	0.9887
2006	1.0186	0.9757	1.0496	0.9849	0.9720	1.0136	0.9829	0.9682	1.0160
2007	1.0340	0.9946	1.0400	0.9945	0.9733	1.0222	1.0110	0.9834	1.0281

续表

年份	东部			中部			西部		
	GTFP	EC	TC	GTFP	EC	TC	GTFP	EC	TC
2008	1.0283	0.9979	1.0306	0.9908	0.9819	1.0090	1.0037	0.9863	1.0182
2009	1.0021	0.9983	1.0038	0.9806	0.9794	1.0012	0.9785	0.9826	0.9954
2010	1.0109	0.9952	1.0158	0.9855	0.9764	1.0095	0.9685	0.9582	1.0113
2011	0.9846	0.9861	1.0003	1.0027	1.0020	1.0008	1.0062	1.0424	0.9697
2012	1.0010	0.9753	1.0271	0.9945	0.9787	1.0163	0.9921	0.9850	1.0072
2013	1.0175	0.9966	1.0210	1.0013	0.9840	1.0177	1.0061	0.9914	1.0152
2014	1.0098	1.0014	1.0084	0.9902	0.9715	1.0196	1.0077	1.0168	0.9910
2015	1.0219	1.0041	1.0177	1.0074	0.9943	1.0131	1.0333	1.0233	1.0096
平均值	1.0178	0.9981	1.0209	1.0048	0.9945	1.0108	0.9990	0.9955	1.0043

资料来源：作者测算整理。

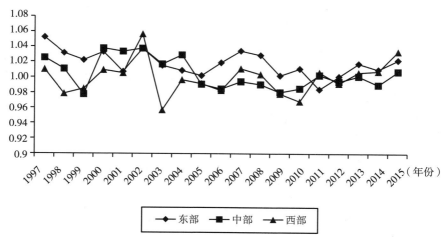

图 4－2　三大区域绿色经济增长变化趋势

资料来源：作者测算整理。

为了更好地了解我国东中西部地区绿色经济增长水平上升或下降原因，本书进一步将绿色经济增长分解为绿色技术进步指数和绿色技术效率指数，测算结果显示（见表 4-2），整体来看，东部地区的绿色技术进步指数平均值为 1.0209，说明我国东部地区的绿色技术进步水平得到提升，而绿色技术效率指数平均值为 0.9981，说明我国东部地区的绿色技术效率水平有所降低，由此可知，东部地区的绿色经济增长水平上升的主要源于绿色技术进步水平提升。中部地区的绿色技术进步指数平均值 1.0108，说明我国中部地区的绿色技术进步水平得到提升，而绿色技术效率指数平均值为 0.9945，说明我国中部地区的绿色技术效率水平有所降低，由此可知，中部地区的绿色经济增长水平上升也源于绿色技术进步水平提升。西部地区的绿色技术进步指数平均值为 1.0043，说明我国西部地区绿色技术进步水平得到提升，而绿色技术效率指数平均值为 0.9954，说明我国西部地区的绿色技术效率水平有所降低，由此可知，西部地区的绿色经济增长水平下降主要是源于绿色技术效率水平降低。分阶段来看，2006 年之前，东部和中部地区绿色经济增长水平上升，既来自绿色技术水平提升，也源于绿色技术效率水平的提升，而西部地区绿色经济增长水平下降，既来自绿色技术水平的下降，也源于绿色技术效率水平的下降。在 2006 年以后，东部和中部地区绿色经济增长水平上升主要源于绿色技术水平提升，而西部地区绿色经济增长水平下降源于绿色技术效率水平的降低。

第四节　绿色经济增长收敛性分析

一、收敛假说与收敛机制分类

前文虽然根据我国绿色经济增长的测算结果，对我国绿色经济增长的差异进行了客观的描述，但是缺乏对我国绿色经济增长演化趋势的进一步分析。因此，我们在前文测算的绿色经济增长数据的基础上，采用收敛性分析方法对我国绿色经济增长差异的演化趋势进行分析。如果绿色经济增长呈现趋同趋势，说明当前落后地区绿色经济增长的速度较快，与发达地区差异逐渐缩小，地区之间的差异最终消失。而当绿色经济增长呈现发散趋势，说明当前落后地区的绿色经济增长的速度较慢，与发达地区差异在逐渐扩大。

（一）收敛假说

收敛假说认为落后的经济体与发达的经济体相比具有更高的经济增长速度，不同经济体之间的差异会随着时间的推移逐渐缩小最终消失。也就是说，人均资本存量较低地区的资本收益率往往比人均资本量较高地区的资本收益率高，因此人均资本存量较低的地区能够实现更快的经济增长。发达经济体与落后经济体最后都会收敛于相同的稳态水平。因此，收敛假说支持了落后经济体对发达经济体的追赶，奠定了新古典经济增长理论的基础。

在经济发展过程中技术进步与资本积累发挥着关键性作用。因此，资本边际报酬是否递减和技术进步能否扩散是影响经济体能否收敛最重要的两种机制。具体来看：（1）从资本边际报酬机制来说，如果存在资本边际报酬递减的话，那么资本的投资回报率会随着资本规模扩大而减少，低资本存量地区的投资回报率更高，落后经济体能够追赶上发达经济体。如果不存在资本边际报酬递减的话，资本的投资回报率会随着资本规模扩大而增加，存量较多地区的投资回收率更高，落后经济体难以追赶发达经济体。罗默在"干中学"内生增长模型指出，投资具有正外溢效应，能够抵消单个厂商的资本边际报酬递减，使经济难以达到收敛状态。（2）从技术进步机制来说，如果存在技术扩散的话，落后的经济体可以通过学习等方式掌握发达经济体的先进技术，不断提升本地区技术水平。这种技术扩散将有助于落后经济体掌握更为先进的技术，使得落后经济体的技术创新速度快于发达经济体，从而促进落后经济体的经济快速发展，以推动落后经济体对发达经济体的追赶，使经济最终实现收敛。如果不存在技术扩散的话，落后经济体的技术创新速度要慢于发达经济体的创新速度，会加大落后经济体与发达经济体的经济发展水平差距，使经济难以达到收敛状态。

收敛假说是政府制定和调整政策重要依据，有助于更好地实现宏观调控，进而促进区域间协调发展。如果区域经济从长期来看呈现收敛趋势的话，那么区域经济的差异会逐渐缩小并消失，说明现有的政治、经济以及环境等政策较为合理，能够实现区域间的协调发展。如果区域经济从长期来看呈现发散趋势，那么区域经济的差异会逐渐扩大，说明需要及时调整落后地区的政治、经济以及环境等政策，加大扶持力度，引导要素的合理流动，从而缩小地区间经济差异，实现区域经济协调发展，提升经济整体水平。

（二）收敛性分析方法分类

在新古典经济理论中，收敛性分析方法主要包括 δ 收敛、绝对 β 收敛和条件 β 收敛三种类型。其中 β 收敛主要是指不同经济体之间的经济增长的差异会随着时间的推移而逐渐缩小。其主要反映不同经济体的经济增长水平与整体平均经济增长水平的差异。β 收敛主要是指落后的经济体比发达经济体有更快的经济增长速度，即不同经济体的增长速度与经济体发展水平呈负相关。其中，绝对 β 收敛是指随着时间的推移，无论经济体的初始条件或经济结构如何，不同经济体的经济增长都会收敛于相同的稳态水平。条件 β 收敛主要是指由于不同经济体的初始条件或结构不同，导致只有初始条件或经济结构相似的经济体间会收敛于各自的稳态水平。δ 收敛、绝对 β 收敛和条件 β 收敛三者之间既有联系又有区别。绝对收敛主要包括 δ 收敛、绝对 β 收敛两种类型。绝对 β 收敛和条件 β 收敛虽然都强调不同经济体的经济增长最终会趋向稳态水平，但二者的侧重点有所不同，条件 β 收敛强调不同经济体会向各自稳态水平收敛，而绝对 β 收敛强调不同经济体都会朝着同一稳态水平收敛。绝对 β 收敛要求比条件 β 收敛更为严格，绝对 β 收敛是条件 β 收敛的长期趋势。

二、绿色经济增长绝对收敛检验

绿色经济增长的绝对收敛检验强调，随着时间的推移各个省份的绿色经济增长的差异是否会自动消失。绝对收敛检验主要包括 δ 收敛性检验和绝对 β 收敛性检验。

（一）δ 收敛性检验

δ 收敛性检验主要强调随着时间推移各个省份的绿色经济增长差异的变化情况。因此，通常可以采用反映离散程度的指标进行衡量。本书主要采用标准差对 δ 收敛性进行检验。如果各个省份的绿色经济增长的标准差随时间推移而不断缩小，那么可以说各个省份的绿色经济增长存在 δ 收敛性。反之则相反。此外，本书还采用变异系数对各个省份的绿色经济增长的 δ 收敛性进行验证，该方法认为收入转移效应为中性，能够有效避免平均收入规模的影响。

GTFP$_{it}$ 表示 i 省在 t 时期的绿色经济增长状况，$\overline{GTFP_t}$ 表示的 t 时期各个省份绿色经济增长平均状况，N 表示省级行政单位个数，σ$_t$ 表示 t 时期的省份绿色经济增长的标准差，用公式（4 – 16）表示。CV$_t$ 表示 t 年省份绿色经济增长的变异系数，用公式（4 – 17）表示。

$$\sigma_t = \sqrt{\frac{1}{N-1} \sum_{i=1}^{N} (GTFP_{it} - \overline{GTFP_t})^2} \qquad (4-16)$$

$$CV_t = \frac{1}{\overline{GTFP_t}} \sqrt{\frac{1}{N-1} \sum_{i=1}^{N} (GTFP_{it} - \overline{GTFP_t})^2} \qquad (4-17)$$

通过图 4 – 3 可知，从全国层面来看，1997～2015 年的绿色经济增长的标准差整体呈现不明显收敛趋势。其中，1997～2001 年全国绿色经济增长的标准差在波动中呈现收敛趋势；2001～2012 年绿色经济增长的标准差出现短暂上升以后，又呈现下降趋势，标准差逐渐呈现缩小趋势；2012～2015 年绿色经济增长的标准差短暂的快速上升以后，逐渐出现了回落。从区域层面来看，东部地区 1997～2015 年绿色经济增长的标准差总体呈现明显收敛趋势，其中，1997～2004 年绿色经济增长的标准差在短暂上升以后出现下降趋势，2004～2015 年东部省份绿色经济增长的标准差在波动中逐渐缩小。中部地区 1997～2015 年绿色经济增长的标准差总体呈现不明显的收敛趋势，其中，1997～2005 年绿色经济增长的标准差在波动中呈现下降趋势，2005～2011 年绿色经济增长的标准差呈现收敛趋势，2011～2015 年绿色经济增长的标准差呈现先上升后下降趋势。西部地区 1997～2015 年绿色经济增长的标准差总体呈现不明显的发散趋势，变化幅度较为剧烈，其中，1997～2008 年绿色经济增长的标准差在波动中呈现下降趋势，2008～2015 年绿色经济增长的标准差在波动中呈现上升趋势。

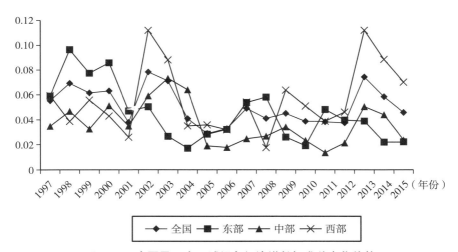

图 4-3　全国及三大区域绿色经济增长标准差变化趋势

资料来源：作者测算整理。

为了对中国绿色经济增长的 δ 收敛状况进一步进行检验，借鉴胡晓琳（2016）的做法，本书构建模型：

$$\sigma_t = c + \theta t + \mu_t \tag{4-18}$$

其中，σ_t 表示 t 时期省份绿色经济增长的标准差，θ 表示回归系数，c 表示截距项，μ_t 表示 t 时期的随机扰动项。当 $\theta < 0$ 时，表示各个

省份绿色经济增长的差异随时间推移而缩小，存在 δ 收敛。当 θ > 0 时，表示各个省份绿色经济增长的差异随时间的推移而扩大，不存在 δ 收敛。当 θ = 0 时，表示各个省份绿色经济增长的差异不随时间推移而改变，既不存在收敛现象，也不存在发散现象。本书分别对全国和三大区域绿色经济增长 δ 收敛状况进行了检验（见表 4-3）。研究结论与上文分析相一致，即全国和东中部地区的绿色经济增长具有 δ 收敛趋势，而西部省份的绿色经济增长没有呈现出 δ 收敛的趋势。除了东部地区 P 值通过检验，全国和中西部都没有通过检验，说明东部的 δ 收敛结果具有稳定性，而其他区域的 δ 收敛检验结果并不稳定。

表 4-3　　全国及三大区域绿色经济增长 δ 收敛性检验估计结果

地区	全国	东部	中部	西部
θ 值	-0.001	-0.003	-0.001	0.001
P 值	0.227	0.003	0.137	0.336

资料来源：根据测算结果整理而得。

从三大区域比较来看（见表 4-4），东部地区呈现 δ 收敛的趋势，表明东部地区绿色经济增长差异随时间推移而逐渐缩小。这主要是因为东部地区各个省份在经历产业结构调整和经济社会变革的阵痛时期之后，产业结构水平逐渐趋向合理，社会经济发展与环境保护逐渐走向协调统一。中部地区绿色经济增长标准差最小，说明中部地区各个省份绿色经济增长的内部差异最小，这或许与国家的发展战略和当地的经济、环境状况有关。西部地区绿色经济增长的标准差最大，由此可以推测，西部地区各个省份之间的绿色经济增长水平差距相对较大。这主要是因为西部地区社会经济和自然资源相差巨大，既包括资源比较丰富、经济发展水平较好的省份，例如内蒙古、新疆、陕西等，也包括社会经济发展条件薄弱的贵州、广西、甘肃等省份，造成各个省份之间的绿色经济增长没有明显缩小的趋势。全国和东中西部地区绿色经济增长的变异系数的分析结果与全国和东中西部地区绿色经济增长的标准差分析结果基本保持一致，从而证明全国和东中西部地区绿色经济增长的 δ 收敛准确性。全国和中西部地区没出呈现显著的 δ 收敛或发散，主要原因可能是不同地区不同时间段的绿色经济增长的 δ 收敛或发散不具有连续性。

表 4 - 4　　　　全国及三大区域绿色经济增长 δ 系数及变异系数

年份	全国		东部		中部		西部	
	δ 系数	变异系数	δ 系数	变异系数	δ 系数	变异系数	δ 系数	变异系数
1997	0.0552	0.0536	0.0589	0.0560	0.0347	0.0339	0.0592	0.0586
1998	0.0691	0.0687	0.0964	0.0935	0.0468	0.0463	0.0386	0.0395
1999	0.0614	0.0616	0.0773	0.0757	0.0324	0.0332	0.0556	0.0565
2000	0.0630	0.0614	0.0858	0.0831	0.0512	0.0494	0.0430	0.0426
2001	0.0379	0.0374	0.0470	0.0467	0.0348	0.0337	0.0259	0.0257
2002	0.0783	0.0750	0.0504	0.0486	0.0590	0.0569	0.1120	0.1060
2003	0.0710	0.0714	0.0265	0.0261	0.0731	0.0719	0.0882	0.0921
2004	0.0409	0.0405	0.0170	0.0169	0.0639	0.0621	0.0349	0.0350
2005	0.0288	0.0290	0.0283	0.0282	0.0189	0.0191	0.0358	0.0362
2006	0.0327	0.0328	0.0321	0.0315	0.0176	0.0179	0.0318	0.0324
2007	0.0491	0.0484	0.0538	0.0520	0.0246	0.0247	0.0541	0.0535
2008	0.0410	0.0407	0.0581	0.0565	0.0267	0.0269	0.0175	0.0174
2009	0.0451	0.0457	0.0259	0.0259	0.0342	0.0348	0.0637	0.0651
2010	0.0387	0.0391	0.0190	0.0188	0.0232	0.0236	0.0510	0.0527
2011	0.0383	0.0384	0.0483	0.0490	0.0135	0.0135	0.0388	0.0386
2012	0.0375	0.0376	0.0397	0.0397	0.0212	0.0214	0.0462	0.0465
2013	0.0744	0.0737	0.0389	0.0383	0.0506	0.0505	0.1122	0.1115
2014	0.0585	0.0583	0.0220	0.0217	0.0441	0.0445	0.0888	0.0881
2015	0.0459	0.0449	0.0222	0.0217	0.0236	0.0234	0.0701	0.0679
平均值	0.0509	0.0504	0.0446	0.0437	0.0365	0.0362	0.0562	0.0561

资料来源：根据测算结果整理而得。

（二）绝对 β 收敛性检验

绝对 β 收敛性强调各个省份绿色经济增长随着时间的推移是否收敛于相同的稳态水平。也就是说，绿色经济增长落后的省份能否追赶上绿色经济增长发达的省份，即绿色经济增长率是否与期初发展水平呈负相关。当 β < 0 时，表明绿色经济增长落后地区比发达地区有更快的增长速度，最后所有省份绿色经济增长会趋于相同稳态水平，即存在绝对 β 收敛。当 β > 0 时，表明绿色经济增长落后地区的增长速度比发达地区慢，绿色经济增长趋向两极化，即不存在绝对 β 收敛。本书借鉴伯纳德（Bernard and Jones，1996）等学者的分析方法，构建了绝对 β 收敛回归检验模型，模型表示为：

$$\ln(GTFP_{iT}/GTFP_{i0})\frac{1}{T} = \alpha + \beta \ln GTFP_{i0} + \varepsilon_{it} \qquad (4-19)$$

其中，$GTFP_{iT}$ 表示 i 省份报告期的绿色经济增长水平，$GTFP_{i0}$ 表示 i 省份期初的绿色经济增长水平。α 和 β 表示的是带估计的参数，T 表示的是期初和报告期的时间跨度，ε_{it} 是随机误差项。

通过测算结果可知（见表 4-5），从全国来看，模型参数 β 值在 1% 显著水平下呈负相关关系，说明全国层面存在绝对 β 收敛。分地区来看，东部地区模型参数 β 值在 5% 显著水平下呈负相关关系，而中西部地区模型参数 β 值均在 1% 显著水平下呈负相关关系，这说明东中西部地区均存在绝对 β 收敛。

表 4-5　　全国及三大区域绿色经济增长绝对 β 收敛性检验估计结果

区域	全国	东部	中部	西部
α	-0.0015 ** (0.0007)	-0.0030 * (0.0016)	-0.0001 (0.0012)	-0.0021 * (0.0012)
β	-0.0956 *** (0.0132)	-0.0548 ** (0.0227)	-0.1317 *** (0.0315)	-0.1345 *** (0.0224)
R^2	0.0888	0.0287	0.1091	0.1550

注：*** 、** 、* 分别表示在 0.01、0.05、0.10 水平下显著，括号中的数值为标准差。

三、绿色经济增长条件收敛检验

条件收敛主要强调由于不同经济体的初始条件和结构不同，随着时间推移，不同经济体是否收敛于各自的稳态水平。换言之，不同的经济体具有各自的稳态水平，即承认不同经济体存在发展差距。纵览已有的文献，对条件收敛研究的方法主要包括两种：一种是将部分解释变量加入绝对 β 收敛回归模型。如果此时 β < 0，则说明存在条件 β 收敛。如果此时 β > 0，则说明不存在条件 β 收敛。但此种方法存在无法解决增加的解释变量与随机扰动项自相关以及容易产生遗漏变量等问题，进而导致评价结果的偏差。另一种是采用双向固定效应模型进行分析。其与前一种方法相比具有以下优点：一是不需要添加解释变量，既可以有效避免遗漏变量的问题，也能避免主观因素对解释变量选取的影响；二是避免模型中解释变量与遗漏变量间的多重共线性问题；三是可以设定时间和截面效应，不仅考虑了各经济体自身状态稳态值的时变效应，还考虑了不同经济体具有不同的稳态值，同时还允许解释变量和随机误差项之间存在相关关系。因此，本书做条件 β 收敛性检验时，主要采用双向固定效应模型进行分析。本书借鉴米靳和阿帕德海耶（Miller and Upadhyay，2002）研究方法，构建了条件 β 收敛回归检验模型，模型表示为：

$$\ln(GTFP_{it}/GTFP_{i,t-1}) = \alpha + \beta \ln GTFP_{i,t-1} + \varepsilon_{it} \qquad (4-20)$$

通过测算结果可知（见表 4 – 6），从全国来看，模型参数 β 值在 1% 显著水平下呈负相关关系，即全国层面存在绝对 β 收敛，说明全国省份绿色经济增长收敛于自身的稳态水平。分地区来看，东中西部地区模型参数 β 值均在 1% 显著水平下呈负相关关系，即东中西部地区均存在绝对 β 收敛，说明东中西部地区绿色经济增长收敛于各自的稳态水平，主要原因可能是各区域内部省份之间存在差异进而导致各自具有不同稳态水平。

表 4 - 6　　　　全国及三大区域绿色经济增长条件 β 收敛性检验估计结果

区域	全国	东部	中部	西部
α	- 0. 0031 (0. 0086)	0. 0026 (0. 0114)	- 0. 0033 (0. 0119)	- 0. 0229 (0. 0178)
β	- 0. 7303 *** (0. 0436)	- 0. 5098 *** (0. 0666)	- 0. 4642 *** (0. 0778)	- 0. 9089 *** (0. 0771)
R²	0. 4313	0. 3771	0. 4367	0. 5431

注: *** 、** 、* 分别表示在 0. 01、0. 05、0. 10 水平下显著, 括号中的数值为标准差。

第五节　本章小结

本章分别对绿色经济增长的测算方法、全国和区域绿色经济增长的现状和收敛性进行介绍了和分析。具体内容如下:

第一, 绿色经济增长的测算方法。由于绿色经济增长不能直接观测, 而绿色全要素生产率 (gtfp) 在传统全要素生产率的测算框架的基础上加入能源消耗和环境污染要素, 能较好地反映绿色经济增长状况。因此, 本书用绿色全要素生产率衡量绿色经济增长状况。衡量绿色全要素生产率的方法主要包括两大类: 一类是参数方法, 另一类是非参数方法。本书分别对参数方法中的代数指数法、索洛余值法、随机前沿生产函数以及非参数方法中的 DEA - CCR 模型、DEA - BCC 模型、SBM 模型、EBM 模型进行了详细的介绍。同时也对 Malmquist - Luenberger 指数测度方法进行详细说明。在比较各种方法的优缺点基础上, 主要采用 EBM 模型结合 Malmquist - Luenberger 的方法, 结合 1997 ~ 2015 年 30 个省级行政单位面板数据, 对各省份绿色经济增长水平进行测算。

第二, 绿色经济增长现状分析。首先, 对全国绿色经济增长状况进行分析: (1) 从绿色经济增长的平均值来看, 我国绿色经济增长水平呈现稳步上升趋势, 说明我国经济正在扭转粗放型的经济发展方式, 向绿色经济增长方向转变。(2) 从绿色经济增长的来源来看, 我国绿色技术进步水平呈现稳步上升趋势，而我国绿色技术效率呈现下降趋势。在此期间我国绿色经济增长水平上升主要源于绿色技术进步水平提升。（3）从绿色经济增长的变化趋势来看，我国绿色经济增长呈现先波动下降后稳步上升的变化趋势。其次，对区域绿色经济增长状况进行比较分析：（1）从绿色经济增长的平均值来看，我国东部和中部地区绿色经济增长水平较高，而西部地区绿色经济增长水平呈现下降趋势。（2）从绿色经济增长的来源看，我国东中西部地区的绿色技术进步水平呈现稳步上升趋势，而我国东中西部地区的绿色技术效率呈现下降趋势。东部和中部地区绿色经济增长水平上升主要源于绿色技术进步水平提升，而西部地区绿色经济增长水平下降主要源于绿色技术效率水平下降。（3）从绿色经济增长的变化趋势来看，我国东部地区绿色经济增长整体水平较高，但增速逐渐放缓。我国中部地区 2004 年以后绿色经济增长状况有所下降，从 2010 年开始绿色经济增长状况得到逐渐改善。我国西部地区 2003 年以后绿色经济增长状况有所下降，从 2010 年开始绿色经济增长状况得到改善。

　　第三，绿色经济增长收敛状况分析。本书在对 δ 收敛、绝对 β 收敛及条件 β 收敛理论分析的基础上，对绿色经济增长收敛状况进行检验，结果表明：从 δ 收敛来看，全国的绿色经济增长呈现不显著收敛状态，东部地区绿色经济增长呈现显著收敛状态，中部地区绿色经济增长呈现不显著收敛状态，西部地区绿色经济增长呈现不显著发散状态。从绝对 β 收敛来看，全国和东中西部地区的绿色经济增长逐步收敛于统一稳态水平。从条件 β 收敛来看，全国和东中西部地区绿色经济增长逐步收敛于其各自的稳态水平。

第五章

环境规制对绿色经济增长的
直接影响分析

绿色经济增长是实现我国经济与环境协调发展的必然要求，同时也是实现经济持续健康发展的重要途径。环境规制作为解决环境问题的重要手段，能够将企业生产经营过程中产生的环境污染负外部效应内部化，进而推动资源的优化配置，影响经济增长。那么，环境规制究竟能否推动我国绿色经济增长呢？本章结合省级面板数据深入探讨环境规制对绿色经济增长的影响。

第一节 直接影响理论模型构建

本书主要借鉴鲍莫尔（Baumol，1967）的研究方法，通过建立一个非均衡增长模型揭示环境规制对绿色经济增长的影响。参考鲍莫尔（1967）建立非均衡增长模型时所设定的基本假设，假定一个经济中仅存在两种类型企业，分别是污染型企业和清洁型企业。假定清洁型企业存在技术进步，其技术进步率为 r，污染型企业不存在技术进步，即污染型企业劳动生产率固定不变。参考鲍莫尔（1967）的模型假设，在整个经济活动中，只存在劳动者一种投入要素，用 L 表示，并且假设劳动力规模保持不变，即不存在经济增长。因此，污染型和清洁型企业的生产函数可表示为：

$$Y_{1t} = a L_{1t}^{\gamma} \tag{5-1}$$

$$Y_{2t} = \varphi(b) L_{2t}^{\gamma} e^{rt} \tag{5-2}$$

污染型企业和清洁型企业的生产函数中 γ 介于 $0 \sim 1$。假定将劳动力总量 L 设为 1，则对任意的 t 便可得到 $L_{1t} + L_{2t} = 1$，劳动力可以在污染型企业与清洁型企业之间进行自由流动。随着环境规制体系不断完善，其正成为实现资源优化配置的一种重要抓手。环境规制能够抑制高投入、高耗能、高污染和低附加值的污染型企业成长，促使生产要素流向低投入、低耗能、低污染和高附加值的清洁型企业，从而有助于清洁型企业的成长，实现资源的优化配置，进而有助于绿色经济增长。参考鲁比尼等（Roubini et al., 1992）的研究方法，清洁型企业的生产函数 [公式（5-2）] 中的 b 用来衡量环境规制强度，并假定技术进步的函数为 $\varphi(b)$，其中 $0 < \varphi(b) < 1$，$\varphi'(b) > 0$，即随着环境规制强度的不断提升，$\varphi(b)$ 值也变得越来越大。通过公式（5-2）可知，在其他条件不变的情况下，环境规制强度的提升将有利于清洁型企业的发展，进而促进绿色经济增长。

假定劳动力可以在污染型企业和清洁型企业之间自由流动，当劳动力在两类企业之间达到均衡时，此时的工资水平设为 W_t。污染型企业和清洁型企业的一阶条件为：

$$\gamma a L_{1t}^{\gamma-1} = W_t \tag{5-3}$$

$$\gamma \varphi(b) L_{2t}^{\gamma-1} e^{rt} = W_t \tag{5-4}$$

由公式（5-3）和公式（5-4）可得：

$$L_{2t} = (a^{-1} \varphi(b) e^{rt})^{\frac{1}{1-\gamma}} L_{1t} \tag{5-5}$$

由于 $L_{1t} + L_{2t} = 1$，结合公式（5-5）可得：

$$L_{1t} = \frac{1}{1+A} \tag{5-6}$$

$$L_{2t} = \frac{A}{1+A} \tag{5-7}$$

$$W_t = a\gamma (1+A)^{1-\gamma} \tag{5-8}$$

其中 $A = (a^{-1}\varphi(b)e^{rt})^{\frac{1}{1-\gamma}}$。在其他条件不变的情况下，A 会随着技术进步率和环境规制强度的提升而不断增加。通过公式（5－6）、公式（5－7）以及公式（5－8）可以得出，技术进步会导致工资水平的提升；由于污染型企业和清洁型企业之间存在技术方面的差异，会使劳动力从污染型企业逐渐转移到清洁型企业之中。因此，得到第一个研究结论：工资水平会随着技术进步不断地提升，但是提升的幅度逐渐降低，由于清洁型企业的技术进步速度要高于污染型企业，所以能够使生产要素从污染型企业逐渐流入清洁型企业之中。同时由于环境规制也能够提高均衡工资的水平，因此，环境规制也会加速生产要素从污染型企业逐渐流入到清洁型企业，进而促进绿色经济增长。

由于假设中只有劳动一种要素投入经济活动中，由此可知，企业支付的单位劳动者的工资便是企业生产的边际成本。因此，污染型企业和清洁型企业的产出之比就等于劳动投入之比：

$$\frac{Y_2}{Y_1} = \frac{L_2}{L_1} = A = (a^{-1}\varphi(b)e^{rt})^{\frac{1}{1-\gamma}} \qquad (5-9)$$

通过公式（5－9）可以得到第二个研究结论：由于技术进步的存在会导致污染型企业和清洁型企业之间出现不均衡的增长，清洁型企业的就业与产出呈现不断增加的趋势，而污染型企业的就业与产出呈现不断降低的趋势；环境规制强度的不断提升，会不断降低污染型企业就业与产出的比重，增加清洁型企业就业与产出比重，从而促进了绿色经济增长。

第二节　直接影响模型设定、变量说明与数据来源

一、模型设定

根据环境规制与绿色经济增长之间的关系，可以建立如下形式的基本计量模型，考虑到异方差问题，本书对各变量进行对数处理：

$$\text{lngtfp}_{it} = \alpha_0 + \alpha_1 \text{lner}_{it} + \beta \ln X_{it} + \mu_i + \varepsilon_{it} \qquad (5-10)$$

其中，gtfp_{it} 表示省份 i 在 t 年的绿色经济增长水平，er_{it} 表示省份 i 在 t 年的环境规制水平，X_{it} 表示模型的系列控制变量，α_0 表示常数项，α_1 和 β 表示待估计参数值，μ_i 表示个体效应，ε_{it} 表示均值为零、方差为常数的白噪音过程。

环境规制与绿色经济增长之间的关系可能存在内生性问题。产生内生性问题的原因主要包括两方面：一是双向因果关系带来的内生性问题。环境规制通过对企业污染物排放的影响，实现资源的优化配置；进而促进绿色经济增长。同时，环境规制强度可能会受到绿色经济增长状况的影响，例如当一个国家或地区的绿色经济增长水平较高时，可能会导致环境规制强度进一步提升。二是遗漏变量带来的内生性问题。在绿色经济增长过程中会受到多方面的因素影响，并且其中一部分因素（如自然资源分布等）难以量化，不可能把所有的影响因素都纳入控制变量之中，由此产生的遗漏变量也可能导致内生性问题。然而一般面板数据分析方法难以解决内生性问题，利用其进行数据分析时并不能保证所得估计结果无偏一致性，而采用一阶差分GMM 或系统 GMM 能够有效解决变量之间的内生性问题，一阶差分GMM 估计法是由阿雷拉诺等（Arellano et al.，1991）提出的，其基本原理是先对原模型进行一阶差分变换，将模型的滞后项作为工具变量，进而解决变量之间的内生性问题，但该方法容易受到弱工具变量的影响而导致估计结果的偏差。布伦德尔等（Blundell et al.，1998）提出了系统 GMM 方法，该方法能够有效解决弱工具变量的问题，并发现在有限样本下，相比一阶差分 GMM，系统 GMM 估算的结果更为有效。因此，本章主要采用系统广义矩估计（SYS – GMM）方法对数据测算。在公式（5 – 10）的基础上建立动态面板模型，具体模型如下：

$$\text{lngtfp}_{it} = \alpha_0 + \alpha_1 \text{lngtfp}_{it-1} + \alpha_2 \text{lner}_{it} + \beta \ln X_{it} + \mu_i + \varepsilon_{it} \qquad (5-11)$$

二、变量说明

（一）被解释变量：绿色经济增长（gtfp）

本书主要采用第四章测算的各个省份 EBM – Malmquist – Luenberger 生产率指数来度量。该数值越大，意味着绿色经济增长水平越高；反之，该数值越小，意味着绿色经济增长水平越低。

（二）核心解释变量：环境规制（er）

对于环境规制的测度不同学者提出了不同看法，尚未形成统一观点，并且该指标的测度一直是该领域研究的焦点与难点，也是相关研究发现与结论存在分歧的关键原因。纵览已有的相关文献，对于环境规制的测度方法基本可以分为五类：（1）单项指标法。即采用某个单项指标来衡量环境规制强度，包括环境行政规章数、环境行政处罚案件数、工业污染治理投资、人均收入水平等（陆旸，2009；宋马林等，2013；王书斌等，2015）。（2）分类考察法。一种是基于环境规制工具视角，将环境规制细分为命令控制型、市场激励型与公众参与型三类（黄清煌等，2016）；另一种是基于环境规制实施主体视角，将环境规制细分为正式环境规制与非正式环境规制两类（苏昕等，2019）；还有一种是基于环境保护投资视角，将环境规制细分为费用型环境规制与投资型环境规制（张平等，2016）。（3）赋值评分法。按照一定的标准对环境规制的强度予以赋值（VanBeer and Vanden Bergh，1997）。（4）准自然实验法。基于国家实施的环境规制政策，通过实施地区与未实施地区的差异等方面的比较，考察环境规制政策实施的效果（涂正革等，2015）。（5）综合指数法。基于污染物排放量视角，采用废水排放达标率、二氧化硫去除率、烟粉尘去除率和固体废物等指标构建环境规制强度综合指数（原毅军等，2014；王杰等，2014）。综上所述，单一指标衡量环境规制过于片面，易造成研究结论的偏差；分类法虽然考察不同类型环境规制的影响，但难以考察环境规制总体的影响；赋值评分法具有主观性，人为因素影响较大；准自然实验法往往以单项环境政策为衡量指标，也存在片面问题。而环境规制是由一个由多维度、多分项的指标体系所构成，因此，采用综合指数更能反映环境规制的实际情况。计算综合指数的方法主要包括层次分析法、主成分分析法、因子分析法和熵权法等方法。具体来看：层次分析法根据评价者的主观判断对各项指标进行确定权重，因而缺乏客观性，可能会导致对评价结果的偏误。主成分分析法和因子分析法中各项指标的权重是根据原始数据的重要性进行确定的，从而避免了主观因素对评价结果的影响，但也存在一定的缺陷。因子分析法虽然通过提取公共因子实现降维，对评价结果进行客观测量，但难以描述各个维度的变化情况。主成分分析法虽然通过把多指标转化为少数几个综合指标，以对评价结果进行客观测量，但如果主成分因子的符号有正有负，其评价结果便会产生偏误。熵权法根据指标的信息熵的大小确定权重，即指标的信息熵越小，其包含的信息量越多，在评价中所起的作用越大，权重就越高。综上所述，本书使用熵权法进行测算。为了能够更加客观、全面地反映环境规制的情况，囿于数据的可得性且要保证分析结果的科学性，本书参照钟茂初等人（2015）的研究，分别从大气、水和固体废弃物的角度，选取了工业二氧化硫去除率、工业烟（粉）尘去除率、工业化学需氧量去除率以及一般工业固体废弃物综合利用率指标，构建环境规制综合指数。

首先，为消除指标间的不可公度性和矛盾性，对各单项指标进行无量纲化处理。设定 b_{ij} 表示第 i 省份第 j 污染物去除率指标值（i = 1，2，…，m；j = 1，2，…，n），对应的原始指标数据矩阵为 B_{ij} = $(b_{ij})_{mxn}$，则第 i 省份第 j 类污染物去除率指标的比重为：

$$p_{ij} = b_{ij} / \sum_{i=1}^{m} b_{ij} \qquad (5-12)$$

通过公式（5-12）可以将原始指标数据矩阵 B_{ij} = $(b_{ij})_{mxn}$ 转化成无量纲矩阵 P_{ij} = $(p_{ij})_{mxn}$。

其次，计算第 j 类污染物去除率指标的熵值 e_j：

$$e_j = (-1/\ln m)/\sum_{i=1}^{m}(p_{ij}\ln p_{ij}) \qquad (5-13)$$

再次，计算第 j 类污染物去除率客观权重 w_j：

$$w_j = (1-e_j)/(n-\sum_{j=1}^{n}e_j) \qquad (5-14)$$

最后，计算各省的环境规制综合指数，即污染物去除率综合指数：

$$ER_i = \sum_{j=1}^{n}p_{ij}w_j \qquad (5-15)$$

公式中的 ER_i 为第 i 省份环境规制综合指数。ER_i 值越大，则表示环境污染物去除率就越多，环境规制的强度也就越强；反之，ER_i 值越小，则表示环境污染物去除率就越少，环境规制的强度也就越弱。

（三）控制变量

在借鉴学者原毅军（2015）、傅京燕（2018）等人研究的基础上，考虑到变量之间的相关性、指标的可衡量性以及数据的可获得性，本书最终选取人力资本水平、金融发展水平、交通基础设施以及能源消费结构四个控制变量，以尽可能地减少遗漏变量导致评价结果偏误。具体解释如下：

（1）人力资本水平（edu）。人力资本在绿色经济增长过程中产生重要影响。当一个国家或地区的人力资本水平较低时会限制企业使用先进的机器设备和生产技术，使企业只能从事价值链低端的生产，产品的价值相对较低，不利于资源节约与环境保护，抑制了绿色经济增长。当一个国家或地区人力资本水平较高时不仅能够吸收外国先进经验，而且能够更好地使用先进技术，提高资源使用效率，降低污染。同时，较高的人力资本水平与产业结构相融合时，能够更好地发挥产业的优势，实现产业结构的优化升级，进而提高资源使用效率。此外，较高水平的人力资本能够进行技术创新，领导企业变革，不断提升企业的科技含量水平以及层次，提高产品附加值，有利于资源节约与环境保护，促进绿色经济增长。本书采用各地区的人均受教育程度来衡量各地区人力资本水平。具体计算方法为：地区人均受教育程度 = 文盲或识字很少比重 ×2 + 小学受教育比重×6 + 初中受教育比重×9 + 高中或中专受教育程度×12 + 大专及以上受教育比重×16。

（2）金融发展水平（fai）。金融发展水平通过影响生产要素的流动，进而对绿色经济增长产生影响。当金融发展水平不完善时，金融市场风险分散功能不足，由于高效、节能、低污染的项目或产业面临的风险性较大，难以获得更多的融资，进而限制了相关企业的发展。而传统的高污染、高耗能的项目或产业由于面临的风险性较小，能够获取更多融资，进而得以大量的存在，加重了环境污染程度。此时金融发展水平不利于绿色经济增长。当金融发展水平完善、偏向绿色金融时，将限制高污染、高耗能项目或产业的贷款，阻止生产要素向高污染、高耗能的项目或产业的流入，抑制其发展；而对高效、节能、低污染等绿色项目提供更加优惠的资金贷款，缓解融资困境以及降低融资成本，从而吸引生产要素向此项目或产业流入，促进了相关企业的快速发展。完善的金融发展水平还能为企业绿色技术研发提供资金保障，有助于绿色技术的发展，进而提高资源使用效率、降低环境污染。此时金融发展水平有助于推动绿色经济增长。本书选取银行业金融机构各项贷款（余额）与GDP比率作为衡量金融发展水平的指标。

（3）交通基础设施（tra）。交通基础设施是否完善也会对绿色增长产生重要影响。当交通基础设施不完善时，阻碍了地区之间的交流与合作，不利于先进绿色生产技术的扩散和生产要素的合理流动，进而阻碍了绿色经济增长。而当交通基础设施逐渐完善时，能够大大加强地区间和地区内部的交流与合作。一方面促进绿色生产技术高地区向绿色生产技术低的地区扩散，有助于提升整体的绿色技术水平；另一方面完善交通基础设施也可以促进生产要素从低效率地区向高效率地区的流动，提高资源使用效率，降低污染排放，促进绿色经济增长。因为铁路、公路及河流都能反映交通便利状况，本书采用交通密集度来衡量地区交通基础设施状况，即（地区铁路长度 + 地区公路长度 + 地区内河长度)/地区面积。

（4）能源消费结构（ener）。能源消费结构状况也会对绿色经济增长产生重要影响。据有关研究表明，煤炭消费是二氧化碳和二氧化硫等污染物的主要来源，当能源消费结构以煤炭为主时，可能产生更多的污染物，造成环境污染。同时，黑色预期效应认为，当面临环境规制压力时可能会导致能源消费需求的结构性变化，引起煤炭的价格上涨和企业环境治理成本增加，进而加速生产者（煤炭企业）对煤炭资源的开发利用程度，导致环境恶化，不利于促进绿色经济增长。当能源消费以清洁能源为主时，有助于降低污染物的排放，从而促进绿色经济增长。本书采用以煤炭消费量占能源消费总量的比重作为衡量能源消费结构的指标。

三、数据来源

本章主要用系统 GMM 方法结合中国 30 个省级行政单位（剔除西藏以及港澳台地区）的相关数据，研究环境规制对绿色经济增长的直接影响。由于计算环境规制综合指数的数据均来自《中国环境年鉴》，而在2015 年以后《中国环境年鉴》不在公布污染物产生量与排放量等相关指标的数据，同时前文对绿色经济增长的测算数据也是截止到 2015 年，因此，为了保证分析结果的准确性，本书将研究的起止时间最终确定在1997～2015 年。同时鉴于数据的权威性、可靠性，文本中其余数据也均来源于官方统计年鉴，银行类金融机构贷款余额的数据来自《中国金融统计年鉴》，受教育程度人口的数据来自《中国人口与就业统计年鉴》，能源消费方面的数据来自《中国能源统计年鉴》，交通基础设施方面的数据来自《中国统计年鉴》，个别缺失值采用移动平均法进行补全。

第三节　直接影响实证检验

一、实证分析

通过 AR 和萨甘（Sargan）检验结果可知（见表 5 – 1），残差序列相关检验证明不存在序列相关性，同时也说明工具变量的选择是有效的。从模型分析结果可知：（1）中国绿色经济增长一阶滞后项系数在1%的水平下呈现正相关关系，说明前期的绿色经济增长对当期绿色经济增长具有累积效应。也就是说，前期的绿色经济增长能够与当期绿色经济增长之间形成良性循环效应，推动当期绿色经济增长，并且在逐步添加控制变量过程中，这种关系依然稳健。（2）环境规制与绿色经济增长在1%的水平下呈现正相关关系，在不添加控制变量时，环境规制每提升1个百分点，提升绿色经济增长0.0329个百分点，而在逐步添加控制变量过程中，环境规制对绿色经济增长的促进作用依然显著，只是回归系数有所降低。环境规制促进绿色经济增长的主要原因在于：一方面环境规制有助于将企业生产过程中产生的环境污染负外部效应内部化，加快淘汰部分高污染的落后型企业，使生产资料更多流向低污染、低能耗、高效率的企业，同时，还能促使部分污染型企业改善管理，改进技术与生产工艺，进而提高资源使用效率，降低环境污染，增加企业产出，提升产品附加值，促进绿色经济增长；另一方面，环境规制对污染型企业影响较大，而对环保型、清洁型企业影响较小，有助于引导生产资料流向环保型、清洁型企业，加快其发展，同时随着公众环保意识的不断增强，对环保型产品需求的增加，能够增加相关企业的利润，加快该类型企业的资本积累以及实现生产规模的再扩大，进而推动绿色经济增长。（3）从控制变量来看，人力资本水平与绿色经济增长呈现显著正相关关系，说明现有的人力资本水平能够促进绿色经济增长，主要原因是中国现有人力资本水平有了较大的提升，较高人力资本水平的劳动者不但可以促进技术创新，而且与先进技术相结合，能够提高技术使用的效果，同时，人力资本能够与产业发展较好的融合，促进产业结构升级，从而有助于节约资源与环境保护，进而促进经济绿色增长。金融发展水平与绿色经济增长呈显著负相关关系，这说明金融发展不利于促进绿色经济增长，这可能是因为现在金融发展不完善，更多的资金流入污染严重、效率较低的传统产业之中，而对高效、节能、低污染的绿色产业扶持力度不够，没有促成生产要素从污染型产业向清洁型产业转移，从而不利于绿色经济增长。能源消费结构与绿色经济增长呈现显著正相关关系，主要由于新能源的价格相对较高，限制了其使用范围。同时，中国"富煤贫油少气"的能源禀赋现状，也决定了以煤为主的能源消费结构在短时期内难以改变，加之煤炭使用技术的进步，在一定程度上降低了消费煤炭过程中所带来的负面影响，从而形成了能源消费结构与绿色经济增长呈现显著正相关关系，这与邱士雷等（2018）研究的结论相一致。交通基础设施与绿色经济增长呈现不显著正相关关系，主要由于各地区的交通基础设施发展状况较差较大，一定程度上影响绿色生产技术的扩散和生产要素的有效流动。

表 5 - 1   环境规制对绿色经济增长直接影响检验估计结果

解释变量	被解释变量 lngtfp				
	模型 1	模型 2	模型 3	模型 4	模型 5
L. lngtfp	0.0855 *** (0.0064)	0.0893 *** (0.0031)	0.1005 *** (0.0112)	0.0987 *** (0.0106)	0.1046 *** (0.0214)
lner	0.0329 *** (0.0004)	0.0321 *** (0.0016)	0.0258 *** (0.0044)	0.0246 *** (0.0028)	0.0228 *** (0.0028)
lnedu		0.0125 (0.0094)	0.0889 *** (0.0137)	0.1680 *** (0.0088)	0.1553 *** (0.0260)
lnfai			− 0.0600 *** (0.0036)	− 0.0332 *** (0.0044)	− 0.0261 *** (0.0055)
lnener				0.0770 *** (0.0078)	0.0779 *** (0.0084)
lntra					0.0035 (0.0043)
cons	0.0277 *** (0.0005)	0.0004 (0.0207)	− 0.1608 *** (0.0306)	− 0.3239 *** (0.0200)	− 0.2965 *** (0.0586)
AR(1)	0.0872	0.0866	0.0927	0.0660	0.0673
AR(2)	0.8154	0.8055	0.7497	0.9410	0.9246
Sargan	0.9919	0.9928	0.9934	0.9959	0.9972

注：*** 、** 、* 分别表示在 0.01、0.05、0.10 水平下显著，括号中的数值为标准差。

二、稳健性检验

为了更进一步地印证环境规制对绿色经济增长的影响，本书采用不同的方法进行稳健性检验，验证结论的稳定性。首先，本章采用纵横向拉开档次法（郭亚军，2002）对环境规制综合指数进行重新测算。纵横向拉开档次法能够克服传统截面评价方法难以进行跨时期比较的问题，从而提高评价结果的准确性，因此得到广泛应用（史丹等，2019）。本章将采用纵横向拉开档次法测算的环境规制综合指数代入模型中，通过 AR 和 Sargan 检验可知（见表 5 - 2），残差序列相关检验证明不存在序列相关性，同时也说明工具变量的选择是有效的，模型建立是合理的。结果表明，环境规制与绿色经济增长之间关系呈现显著的正相关关系，并且在逐步添加控制变量的基础上，这种关系依然稳健，与前文分析结果相比，仅在回归系数大小方面有所差别，而在方向与显著性水平方面保持一致，再次证明了环境规制对绿色经济增长能够产生促进作用。其次，本章主要采用静态面板对两者之间关系的稳健性进行检验。固定效应模型还是随机效应模型，究竟使用哪一种模型需要进行豪斯曼（Hausman）检验。通过豪斯曼检验，只有模型 1 是随机效应模型，其余模型都是固定效应模型。因此，采用相应模型对数据进行测算，结果显示（见表 5 - 3），环境规制对绿色经济增长依然呈现显著的正相关关系，在逐步添加控制变量的基础上，这两者关系依然显著。与前文分析结果相比，仅在回归系数大小有所差别，而在方向与显著性水平方面保持一致。因此，可以说明环境规制对绿色经济增长的促进作用具有可靠性。

表 5 - 2 环境规制对绿色经济增长直接影响的稳健性检验 I

解释变量	被解释变量（lngtfp）				
	模型 6	模型 7	模型 8	模型 9	模型 10
L. lngtfp	0.0817 *** (0.0060)	0.1028 *** (0.0101)	0.1122 *** (0.0131)	0.1043 *** (0.0148)	0.1189 *** (0.0178)
lner	0.0601 *** (0.0056)	0.0507 *** (0.0077)	0.0559 *** (0.0086)	0.0496 *** (0.0091)	0.0431 *** (0.0101)
lnedu		0.0513 *** (0.0080)	0.1076 *** (0.0080)	0.1790 *** (0.0194)	0.1444 *** (0.0246)
lnfai			− 0.0589 *** (0.0046)	− 0.0263 *** (0.0047)	− 0.0223 *** (0.0064)
lnener				0.0777 *** (0.0071)	0.0761 *** (0.0112)
lntra					0.0077 *** (0.0027)
cons	− 0.0594 *** (0.0062)	− 0.1588 *** (0.0111)	− 0.2794 *** (0.0190)	− 0.4169 *** (0.0513)	− 0.3288 *** (0.0602)
AR(1)	0.0991	0.0750	0.0777	0.0617 ‖	0.0650
AR(2)	0.7888	0.7181 ‖	0.6821 ‖	0.8953	0.8477
Sargan	0.9955	0.9980	0.9967	0.9990	0.9992

注：*** 、 ** 、 * 分别表示在 0.01、0.05、0.10 水平下显著，括号中的数值为标准差。

表 5 - 3 环境规制与绿色经济增长直接影响的稳健性检验 II

解释变量	被解释变量（lngtfp）				
	模型 11	模型 12	模型 13	模型 14	模型 15
lner	0.0309 *** (0.0078)	0.0312 *** (0.0078)	0.0307 *** (0.0077)	0.0260 *** (0.0077)	0.0262 *** (0.0077)
lnedu		− 0.0409 (0.0930)	− 0.0748 (0.0935)	− 0.0563 (0.0924)	− 0.0688 (0.0925)

续表

解释变量	被解释变量（lngtfp）				
	模型 11	模型 12	模型 13	模型 14	模型 15
lnfai			0.0381 ** （0.0147）	0.0403 *** （0.0145）	0.0429 *** （0.0146）
lnener				0.0475 *** （0.0125）	0.0445 *** （0.0126）
lntra					0.0225 * （0.0127）
cons	0.0998 *** （0.0146）	0.1398 *** （0.1865）	0.2072 *** （0.1873）	0.1664 （0.1853）	0.2235 （0.1876）
地区固定	Yes	Yes	Yes	Yes	Yes
年份固定	Yes	Yes	Yes	Yes	Yes
Prob > F	0.0000	0.0000	0.0000	0.0000	0.0000
选定模型	RE	FE	FE	FE	FE
R^2	0.1150	0.1153	0.1266	0.1501	0.1552
N	570	570	570	570	570

注：*** 、 ** 、 * 分别表示在 0.01、0.05、0.10 水平下显著，括号中的数值为标准差。

第四节　本章小结

本章在构建环境规制对绿色经济增长影响的理论模型的基础上，采用系统 GMM 分析方法，结合 1997～2015 年 30 个省级行政单位的面板数据检验了两者之间的关系，并进行了稳健性检验。具体内容如下：

第一，本章借鉴鲍莫尔（1967）的研究方法，通过建立一个非均衡增长模型揭示环境规制对绿色经济增长的影响，通过模型推导发现，环境规制能够促进绿色经济增长。

第二，由于环境规制与绿色经济增长之间可能产生内生性问题。鉴于此，本章主要采用系统 GMM 分析方法实证检验环境规制对绿色经济增长的影响。结果表明：（1）前期绿色经济增长与当期绿色经济增长呈现显著正相关关系，说明前期的绿色经济增长与当期绿色经济增长之间形成良性循环效应，推动当期绿色经济增长。（2）环境规制与绿色经济增长呈现显著的正向相关关系，在逐步添加变量的基础上，这种关系依然稳健，这就验证了前文的模型分析，证明环境规制能够促进绿色经济增长。（3）控制变量中，人力资本水平与绿色经济增长呈现显著正相关关系，金融发展水平与绿色经济增长呈显著负相关关系，能源消费与绿色经济增长呈现显著正相关关系，交通基础设施与绿色经济增长呈现不显著正相关关系。

第三，本章主要采用不同方法检验了环境规制对绿色经济增长影响的稳健性，结果表明：与前文的实证结果相比，仅在回归系数大小方面有所差别，而在方向与显著性水平方面保持一致，从而证明了这一结论的可靠性。

第六章

环境规制对绿色经济增长
影响的传导机制分析

通过前文分析，环境规制能够显著促进绿色经济增长。环境规制究竟通过哪些路径或渠道促进绿色经济增长呢？通过这个问题的回答，有助于打开环境规制与绿色经济增长之间的"黑箱"。本书在借鉴学者熊艳（2012）、蔡乌赶（2017）等人研究的基础上，选取产业结构升级、技术创新和外商直接投资三方面来分析环境规制对绿色经济增长影响主要渠道。

第一节　传导机制理论分析

一、产业结构升级机制理论分析

环境规制主要通过对企业的进入、退出以及企业之间竞争三个方面的影响，实现产业结构的优化升级。（1）环境规制对企业的市场准入影响。具体表现为：第一，政府通过设立环境准入负面清单制度明确了禁止投资的高污染行业，进而引导潜在进入企业或新进入企业投资其他清洁型或高科技行业，促进产业结构升级。第二，政府通过设置环境的资本壁垒和技术壁垒提升进入企业的质量。环境的资本壁垒主要是基于环境保护的需要，要求潜在进入企业或新进入企业必须达到满足一定的资本投资要求。因此，企业必然会增加与日常生产相配套的污染处理设施投入，而增加的这些投入将无法用于企业生产，加大了企业进入的成本，进一步提升了潜在进入企业或新进入企业的资本量的要求，从而对潜在进入企业或新进入企业构筑了一道无形的资本壁垒墙。环境的技术壁垒会使企业进入的技术标准不断提高，较高的环境标准将迫使潜在进入企业或新进入企业逐渐丧失成本优势，从而使环境规制实际上形成了一种进入壁垒，阻碍了某些低技术水平的潜在进入企业或新进入企业的进入，进而促进产业结构升级。第三，随着环境准入门槛的提升，导致企业进入数量的减少，产业内不充分竞争的程度提升将会使企业获得更多的利润，从而吸引资本更加雄厚、技术水平更高、更能充分利用资源以及环境污染更小的企业进入，进而推动产业结构升级。（2）环境规制对企业之间竞争的影响。具体表现为：第一，环境规制增强会增加本地污染型企业的成本，降低企业利润，迫使污染型企业迁移到环境规制相对宽松地区，有助于推动本地区的产业结构升级。第二，随着人民生活水平的提升和公众环保意识的增强，人们消费时更加注重产品的环保性，伴随着人民对环保型产品需求量的增加，生产环保型产品的企业相比其他企业更有竞争优势，企业的利润率会得到提升，从而有助于实现规模的扩大，促进产业结构的优化升级。（3）环境规制对企业退出的影响。环境规制通过关停并转等方式淘汰高污染低效率的企业，使这一部分企业的生产要素资源重新回到市场，被更高效率的企业所吸收，加快高质量企业的快速发展，进而推动产业结构的优化升级。

产业结构升级能够显著促进绿色经济增长。产业结构升级是资本、劳动力、土地等生产要素从低附加值、低效率、高消耗的生产部门或产业链环节（如产能严重过剩和环境污染大的行业）退出，继而导入到高附加值、高效率、低消耗的生产部门或产业链环节（如先进制造业和高端生产性服务业）的过程。低层次产业结构往往伴随了高投入、高排放、高污染、低产出的发展模式，这种发展模式将会带来更严重的环境污染问题，使生态环境遭受严重破坏，不利于绿色经济增长。而高层次产业结构代表更加清洁的生产方式，会降低污染排放，减轻对生态环境的破坏，有利于绿色经济增长。同时，在产业结构升级的过程中，能够使资源得到充分有效利用，提升单位投入产出比，降低污染排放，进而推动经济的持续健康增长。因此，产业结构升级对绿色经济增长具有促进作用。

综上所述，环境规制能够促进产业结构升级，而产业结构升级能够提升绿色经济增长水平。因此，环境规制能够通过产业结构升级提升绿色经济增长水平。

二、技术创新机制理论分析

关于环境规制对技术创新的影响一直存在两种对立的观点：一种观点认为环境规制抑制技术创新，另一种观点认为环境规制促进技术创新。具体而言，环境规制抑制技术创新主要表现为：（1）环境规制强度提升会增加企业的生产成本，进而抑制技术创新。在面对环境规制强度提升的背景下，企业通常采用购买环保设备、支付环境污染费用等方式治理环境污染，这些方式必然会导致企业增加额外的人力、物力和财力投入，进而挤占企业研发资金的投入，削弱企业进行技术创新的能力，同时，当企业面对的外部条件不变的情况下，企业的生产成本提升会导致企业利润降低，反过来同样会进一步减少研发资金的投入，不利于企业的技术创新。（2）环境规制可能扭曲企业的投资，进而抑制技术创新。短期内面对由于环境规制导致的生产成本增加，一些企业会通过追加规模投资、进一步扩大生产要素投入等方式来增加企业的产出，从而抵消环境规制增加的成本，提升企业的利润，但是通过扩大投资规模的方式会进一步挤占或削减技术研发资金的投入，抑制了企业的技术创新。（3）厌恶型管理者会减少研发投资，进而抑制技术创新。在环境规制强度不断提升的背景下，由于技术创新具有较大的风险性，即外部环境的不确定性、技术创新的难度以及复杂性等，导致技术创新活动有时难以达到预期的成果，特别是绿色技术创新的初期具有高成本、低收益的特点，基于自利原则，风险厌恶型管理者会对技术创新研发项目的预期成本与预期收益进行比较，当面临预期收益较低而预期成本较高时，风险厌恶型管理者便会减少对技术创新的支持力度，进而不利于技术创新。环境规制促进技术创新主要表现为：（1）环境规制通过税费等形式对企业生产过程中使用的环境资源收取一定费用，使企业产生的环境负外部效应内部化，增加了企业的生产成本，企业要想在激烈的市场竞争赢得主动地位，需要通过加大对技术创新的支持程度或引进先进的技术设备来提升企业的技术水平、改善企业的生产工艺。同时，在环境规制强度不断提升的背景下，政府对进行技术创新活动的企业给予一定的财税优惠政策，也会降低企业进行技术创新研发的成本，提高企业进行技术创新研发的积极性，在生产成本增加和政府创新优惠政策这两种推拉力量的影响下，环境规制能够激发企业进行技术创新的热情。（2）环境规制一方面通过技术壁垒提高企业进入市场的门槛，另一方面通过淘汰机制迫使一些技术不达标企业退出市场，从而有助于增强技术水平较高的在位企业的优势，增加企业的利润。为了赢得更多市场份额并保持市场上的竞争优势，这类企业会增加技术研发活动的投入，不断提升技术创新能力。（3）各地区的科研基础、人力资本水平以及科研方面的投入差别会导致技术创新方面的差异，伴随着交通基础设施的不断完善，各地区经济交流不断加强，有助于技术的传播。在环境规制强度提升的背景下，技术创新较弱的地区可以通过引进、模仿、再创新的形式不断提升本地区的技术创新水平。

技术创新显著促进绿色经济增长。具体而言：（1）通过产品创新促进绿色经济增长。产品创新能力强的企业，能够创造出更加环保、科技含量更高的产品，满足消费者更高层次的需求，提高产品在国内和国际市场上的竞争力，带动企业利润提升，从而为产品再创新提供物质基础，这样就形成了一个良性循环，进而促进绿色经济增长。（2）通过工艺创新促进绿色经济增长。工艺创新主要是指企业在生产过程中采用更为先进的新工艺或对原有工艺进行升级改造。工艺创新能够提高资源使用效率，减少了环境污染，同时工艺的提升能进一步提升产品的质量，相比生产同种产品的其他企业而言，竞争优势更加明显，能够提升企业的竞争力，进而实现绿色经济增长。（3）通过技术进步促进绿色经济增长。技术进步有助于社会分工更加细化，社会分工的细化有助于提升生产效率，降低资源消耗和环境污染，促进产品产出的增加，同时社会分工能够加速环保等产业的发展，进一步提升绿色经济增长的水平。

综上所述，环境规制对技术创新既可能产生积极影响，又可能产生消极影响，而技术创新从总体上能够促进绿色经济增长。由此可见，环境规制既可能阻碍技术创新、抑制绿色经济增长，也可能鼓励技术创新、促进绿色经济增长。

三、外商直接投资机制理论分析

环境规制对外商直接投资的影响尚未形成一致的看法。一种观点认为环境规制强度提升抑制了外商直接投资。污染避难所效应认为污染密集企业会从环境规制较强的国家或地区迁移到环境规制较弱的国家或地区。由于宽松的环境规制使企业使用环境的成本更低，于是环境成为与物质资本和劳动力等同样重要的一种的资源，对外商直接投资产生重要的影响。当环境规制强度提升时，将会增加外商投资企业的环境治理成本，降低企业竞争力，从而导致相关企业迁移到环境规制相对较为宽松的国家或地区，产生外商直接投资外流的现象。另一种观点认为，环境规制强度提高能够改变外商直接投资的流向，提高外商直接投资的质量。随着经济快速发展，第三产业由于受环境规制影响较小，并且蕴藏着巨大的发展潜力，吸引了大量的外商直接投资的进入（王兵等，2019），从而进一步提升了外商直接投资的水平。环境规制强度的提高能够对外商直接投资产生筛选作用，从而阻止高污染、高耗能、低附加值的污染密集型外商直接投资的进入，同时，政府通过更加优惠的财税政策吸引高附加值、低能源消耗和低污染的高科技密集型以及清洁环保型的外商直接投资进入，从而提升了外商直接投资的质量。

外商直接投资的进入能够显著提升绿色经济增长的水平。具体而言：（1）外商直接投资可以增加东道国的资本积累，这在一定程度上弥补了东道国的资本不足，有助于提升当地资本水平。外商直接投资也能够直接转换为现实的生产力，促进东道国的生产效率的提升。（2）外商直接投资有助于提升东道国技术水平。外商直接投资通过技术出售、技术援助等方式进入东道国，有助于提高当地企业的技术改造速度，同时跨国公司也可以通过内部系统，将先进技术专利等转移到东道国的子公司，进一步提高当地的技术水平，促进当地生产效率的提升。（3）外商直接投资有助于改善东道国的环境质量。首先，外商通过对低污染、低能耗、高技术含量和高附加值的产业投资，促进产业的绿色化，降低污染产出，改善当地的环境质量。其次，跨国企业的母国实行较为严格的环境规制，其环保理念和环境技术在全球都居于领先位置，跨国公司进行投资有助于将先进的环保技术和理念在东道国传播与扩散，进而提升当地环境治理能力，改善当地的环境质量水平。最后，虽然部分外商直接投资流入污染型企业中，但是外商直接投资较强的治污能力和较为先进的技术水平能够提升当地污染型企业的技术水平和治污能力，从而有助于降低污染排放，提高环境质量。

综上，环境规制强度的提高既有可能导致外商直接投资外流而抑制绿色经济增长，也有可能引导外商直接投资流向第三产业，提高外商直接投资质量，从而促进绿色经济增长。

第二节　传导机制模型设定及变量说明

一、模型设定

通过理论分析可知，环境规制通过产业结构升级、技术创新和外商直接投资对绿色经济增长产生影响，本书借鉴学者张腾飞（2016）、项后军（2017）、鲁晓东（2019）、孙浦阳（2019）等对传导机制的研究方法，构建以下计量经济模型，实证检验了环境规制通过产业结构升级、技术创新和外商直接投资对绿色经济增长影响，考虑到异方差问题，本书对各变量进行了对数处理。

$$lngtfp_{it} = \alpha_0 + \alpha_1 lngtfp_{it-1} + \alpha_2 lner_{it} + \alpha_3 lnind_{it} + \alpha_4 lner_{it} * lnind_{it}$$
$$+ \beta lnX_{it} + \mu_i + \varepsilon_{it} \tag{6-1}$$

$$lngtfp_{it} = \alpha_0 + \alpha_1 lngtfp_{it-1} + \alpha_2 lner_{it} + \alpha_3 lntc_{it} + \alpha_4 lner_{it} * lntc_{it}$$
$$+ \beta lnX_{it} + \mu_i + \varepsilon_{it} \tag{6-2}$$

$$lngtfp_{it} = \alpha_0 + \alpha_1 lngtfp_{it-1} + \alpha_2 lner_{it} + \alpha_3 lnfdi_{it} + \alpha_4 lner_{it} * lnfdi_{it}$$
$$+ \beta lnX_{it} + \mu_i + \varepsilon_{it} \tag{6-3}$$

其中，ind_{it} 表示省份 i 在 t 年的产业结构升级状况，tc_{it} 表示省份 i 在 t 年的技术创新状况，fdi_{it} 表示省份 i 在 t 年的外商直接投资状况，$gtfp_{it}$、er_{it}、X_{it}、μ_i 和 ε_{it} 含义与前文一致，在此不做表述。α_0 表示常数项，α_1、α_2、α_3、α_4 和 β 为待估计参数值，μ_i 表示个体效应，ε_{it} 表示均值为零、方差为常数的白噪音过程。公式（6-1）表示的是产业结构升级机制模型。公式（6-2）表示的技术创新机制模型。公式（6-3）表示的是外商直接投资机制模型。

二、变量说明

（一）产业结构升级

产业结构升级是指从低层次产业结构向高层次产业结构演变的动态过程。对于产业结构升级的衡量，主要包括以下几种方法：一是用第三产业增加值与第二产业增加值的比重来衡量；二是用产业结构层次系数来衡量；三是用构建包含产业产值和就业人数在内的综合指数来衡量。吴敬琏（2008）认为产业结构升级的重要特征是经济结构服务化。鉴于此，本书采用第二、第三产业增加值之比来进行衡量。

图 6-1 显示的是产业结构升级的基本状况。从柱状图中可知，第二产业增加值由 1997 年的 3.60 万亿元增长到 2015 年的 32.04 万亿元，第三产业增加值由 1997 年的 2.62 万亿元上升到 2015 年的 34.06 万亿元。说明 1997～2015 年第二产业和第三产业均得到快速发展，第三产业发展速度要快于第二产业。从折线图中可知，总体来看，我国产业结构不断优化，具体表现为第三产业与第二产业增加值的比重从 1997 年的 0.73 上升到 2015 年的 1.06。分阶段来看，我国产业结构升级大致经历了三个阶段：第一阶段，1997～2002 年，为产业结构升级增幅较慢时期。党的十四大提出要加快改革开放，集中精力把经济建设搞上去，要围绕经济建设这个中心，促进社会全面进步，并且把 20 世纪 90 年代我国经济的发展速度定位每年增长 8%～9%。在此阶段，第二产业仍然是经济发展的重要支撑力量，中国产业结构升级增幅较慢。第二阶段，2002～2011 年，为产业结构调整期。虽然第二产业仍然是国民经济的支柱产业，但二三产业内部结构发生变化，从而导致产业结构升级成波浪式前进状态，主要因为粗放型的发展方式难以维持经济的持续快速发展，在此阶段国家逐渐调整经济的发展方式，由粗放型向集约型转变，从而促进产业内部结构发生调整，造成此阶段产业结构升级的波动。第三阶段，2011～2015 年，产业结构升级快速发展时期。其中 2015 年第三产业增加值超过第二产业增加值，第三产业成为国民经济的支柱产业。在此阶段主要因为在中国经济进入新常态的背景下，伴随着生态文明思想、五大发展理念以及两山理论的相继提出，中国经济更加注重发展的质量，由于第三产业蕴藏着巨大的发展潜力，并且对环境污染较小，同时有助于工农业生产的社会化和专业化水平的提高，因此，在此阶段第三产业得到迅速发展，逐渐成为国民经济的支柱产业，推动中国产业结构不断优化。

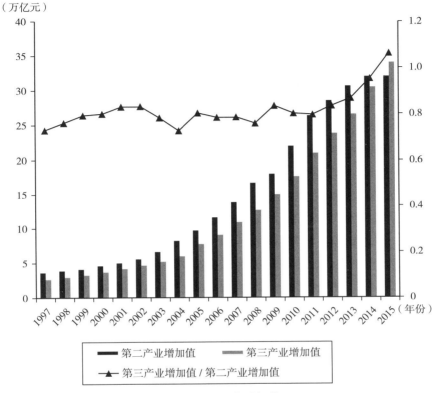

图 6 - 1　产业结构升级状况

资料来源：根据《中国统计年鉴》等资料整理而得。

（二）技术创新

技术创新是以创造新技术为目的的创新或以科学技术知识及其创造的资源为基础的创新。对技术创新的衡量主要包括以下几种方法：一是用三种专利的申请数或授权数作为衡量指标；二是用研发经费支出占GDP的比重作为衡量指标；三是用新产品销售收入作为衡量指标。考虑到研发经费支出是进行技术创新活动的重要保障。因此，本书选取研发经费支出占GDP的比重进行衡量。

图 6-2 显示的是技术创新的基本状况。从柱状图可知，研发经费支出从 1997 年的 370.52 亿元增长到 2015 年的 14166.76 亿元，说明我国研发经费支出得到快速发展。从折线图可知，总体来看，技术创新的能力不断提升，具体表现为研发经费支出占 GDP 的比重由 1997 的 0.48% 上升到 2015 年的 1.96%。分阶段来看，技术创新的发展可以分为两个阶段。第一阶段，1997～2002 年，研发投入经费占 GDP 的比重小于 1%，说明技术创新能力较弱，这一时期中国面临的主要问题是实现经济快速发展，经济发展更注重速度，忽视了质量，从而导致对技术创新程度重视不够，研发资金支出比重较低。第二阶段，2002～2015年，研发投入经费占 GDP 的比重大于 1%，我国技术创新能力得到提高，为技术进步奠定基础。这一阶段国家相继提出了资源节约型、环境友好型社会，创新驱动发展战略等相关政策，更加注重对技术创新的支持力度，并且在经济发展注重速度的同时，更注重质量，注重依靠技术

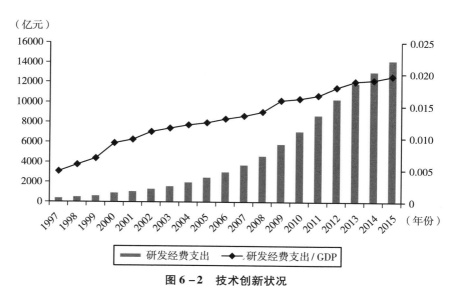

图 6-2　技术创新状况

资料来源：根据《中国科技统计年鉴》等资料整理而得。

实现经济由数量向质量发展转变，经济发展也为技术研发提供了资金支持。随着高校扩招政策的实施，高校学校数量规模不断提高，一方面有助于研发人员规模的不断扩大，另一方面有助于研发人员的素质不断提升，加之国家对专利保护的政策不断完善，激发了技术创新的热情，增加了技术研发资金的支出，提升了技术创新的效果。同时也应注意到我国研发经费支出占 GDP 的比重与部分发达国家 2.5% ~4% 的水平相比还有差距，存在进一步提升的空间。

（三）外商直接投资

外商直接投资是指外国的公司、经济组织或个人依照我国法律的规定，以资金、技术等方式在我国境内开办的各种类型企业的投资。对外商直接投资的衡量主要包括两种方式：一是采用外商直接投资占 GDP 的比重来进行衡量；二是采用人均外商投资额来进行衡量。考虑到外商直接投资对经济发展的作用，本书主要采用外商直接投资占 GDP 的比重来进行衡量。

图 6 - 3 显示的是外商直接投资的基本状况。从柱状图可知，我国外商直接投资持续保持增长态势，由 1997 年的 6.13 万亿元增长至 2015 年的 28.25 万亿元。从折线图可知，总体来看，外商直接投资占 GDP 的比重呈现不断下降趋势，从 1997 年的 79% 下降到 2015 年的 39%，下降幅度达到 40%。分阶段来看，外商直接投资占 GDP 的比重大体可以划分三阶段：第一阶段，1997 ~2007 年，外商直接投资占 GDP 的比重呈现缓慢下降趋势。这一时期由于市场化改革的不断深入，市场主体的活力得到释放，加快了中国经济发展的步伐，使外商直接投资占 GDP 的比重逐渐降低。而 2001 年中国加入 WTO 以后，对外开放程度有所提高，外商直接投资总额较之前有明显上升趋势，一定程度上减缓了外商直接投资占 GDP 的比重下降趋势。第二阶段，2007 ~2013 年，外商直

接投资占 GDP 的比重呈现快速下降趋势，主要原因是伴随着改革开放，大量外资涌入，由于市场规模、消费能力以及资本的边际收益率的降低，减缓了外商直接投资流入的速度，特别是 2008 年经济危机爆发以后，全球陷入经济低迷状态，中国政府为了避免经济大幅下降，实施了四万亿计划，在保证中国经济继续增长的同时也对外商直接投资产生了挤出效应。因此，这一阶段外商直接投资占 GDP 的比重降低较为明显。第三阶段，2013～2015 年，外商直接投资占 GDP 的比重有所回升，此时中国经济总量位居全球第二，并且经济增长速度依旧处于全球增幅前位，中国对外开放的广度和深度不断拓展，为外商直接投资提供了新的投资领域，为实现资本保值增值提供了"场地"，从而加速了外商直接投资的速度，导致这一阶段外商直接投资占 GDP 的比重逐渐回升。

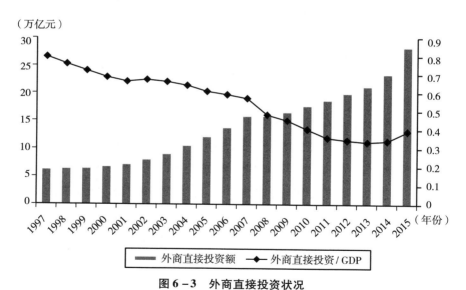

图 6 - 3　外商直接投资状况

资料来源：根据《中国统计年鉴》等资料整理而得。

第三节　传导机制实证检验

一、产业结构升级机制实证检验

表 6－1 中的模型 1 显示的是采用动态系统 GMM 分析方法验证环境规制通过产业结构升级对绿色经济增长的影响。从模型估计的结果来看，AR(2) 的 P 值大于 0.1，表明系统 GMM 不存在二阶序列自相关。Sargan 的统计检验表明，模型显著接受"所有工具变量都有效"的原假设，说明系统 GMM 模型设定合理，工具变量有效。环境规制与产业结构的交互项与绿色经济增长呈现正向关系，并在 1% 水平下显著，回归系数为 0.0298，从而印证了理论分析中环境规制促进产业结构升级进而提升绿色经济增长水平研究假设，说明环境规制既能够通过设立环境准入负面清单、提高环境准入门槛等方式限制低效率、高耗能、高污染类型企业的进入，又能够通过增加企业成本影响企业的收益、加剧企业之间的竞争还能通过关停并转等方式实现生产资源重新配置，进而推动产业结构升级。而产业结构升级有助于提高资源使用效率，降低污染排放，实现产品产出增加，进而提升绿色经济增长水平。模型中其他变量与绿色经济增长的关系表现为绿色经济增长滞后一期、环境规制、产业结构升级、人力资本水平以及交通基础设施都与绿色经济增长呈现显著正相关关系，金融发展水平与绿色经济增长呈现显著负相关关系，能源消费结构与绿色经济增长呈现不显著负相关关系。

表6-1   环境规制对绿色经济增长影响的传导机制检验估计结果

解释变量	被解释变量（lngtfp）		
	模型1	模型2	模型3
L. lngtfp	0. 1483 *** （0. 0201）	0. 1781 *** （0. 0427）	0. 1718 *** （0. 0421）
lner	0. 0306 *** （0. 0070）	0. 1203 *** （0. 0187）	0. 0660 *** （0. 0072）
lnind	0. 0170 * （0. 0092）		
lner * lnind	0. 0298 *** （0. 0086）		
lntc		0. 0223 ** （0. 0095）	
lner * lntc		0. 0188 *** （0. 0037）	
lnfdi			0. 0348 *** （0. 0099）
lner * lnfdi			0. 0234 *** （0. 0039）
lnedu	0. 1188 *** （0. 0403）	0. 0859 * （0. 0496）	0. 0863 *** （0. 0256）
lnfai	－ 0. 0163 ** （0. 0081）	－ 0. 0225 *** （0. 0065）	－ 0. 0196 ** （0. 0088）
lnener	－ 0. 0009 （0. 0036）	－ 0. 0042 （0. 0037）	－ 0. 0001 （0. 0033）
lntar	0. 0766 *** （0. 0198）	0. 0674 *** （0. 0159）	0. 1010 （0. 0165）
cons	－ 0. 2184 ** （0. 0870）	－ 0. 0472 （0. 1327）	－ 0. 1020 * （0. 0606）
AR（1）	0. 0652	0. 0447	0. 0405
AR（2）	0. 8108	0. 7105	0. 8312
Sargan	1	1	1

注： *** 、 ** 、 * 分别表示在 0. 01、0. 05、0. 10 水平下显著，括号中的数值为标准差。

二、技术创新机制实证检验

表 6 – 1 中的模型 2 显示的是采用动态系统 GMM 分析方法验证环境规制通过技术创新对绿色经济增长的影响。从模型估计的结果来看，AR(2) 的 P 值大于 0.1，表明系统 GMM 不存在二阶序列自相关。Sargan 的统计检验表明，模型显著接受"所有工具变量都有效"的原假设，说明系统 GMM 模型设定合理，工具变量有效。环境规制与技术创新的交互项与绿色经济增长呈现正相关关系，在 1% 水平下显著，回归系数为 0.0188，从而印证了理论分析中环境规制能够通过技术创新促进绿色经济增长研究假设，说明环境规制不仅能够促使企业加大对技术研发投入力度，还能够加强地区之间的技术交流与合作，不断提升整体技术创新能力。技术创新能力提升有助于促进企业进行技术发明，改进工艺，提高产品创新能力，从而提高资源使用效率，降低环境污染，实现产品产出的增加，进而提升绿色经济增长水平。模型中其他变量与绿色经济增长的关系表现为绿色经济增长滞后一期、环境规制、技术创新、人力资本水平以及交通基础设施都与绿色经济增长呈现显著正相关关系，金融发展水平与绿色经济增长呈现显著负相关关系，能源消费结构与绿色经济增长呈现不显著负相关关系。

三、外商直接投资机制实证检验

表 6 – 1 中的模型 3 显示的是采用动态系统 GMM 分析方法验证环境规制通过外商直接投资对绿色经济的影响。从模型估计的结果来看，AR(2) 的 P 值大于 0.1，表明系统 GMM 不存在二阶序列自相关。Sargan 的统计检验表明，模型显著接受"所有工具变量都有效"的原假设，说明系统 GMM 模型设定合理，工具变量有效。环境规制与外商直接投资的交互项与绿色经济增长呈现正相关关系，在 1% 水平下显著，回归系数为 0.0234，从而印证了理论分析中环境规制能够通过外商直

接投资促进绿色经济增长的研究假设，说明环境规制能够引导外商直接投资流向第三产业，改善外商直接投资质量，不断提升外商投资的总量与水平，同时外商直接投资能够通过资本效应、技术效应以及环境效应提高当地提高资源使用效率，降低污染排放，实现产品产出的增加，进而提升绿色经济增长水平。模型中其他变量与绿色经济增长的关系表现为绿色经济增长滞后一期、环境规制、外商直接投资以及人力资本水平都与绿色经济增长呈现显著正相关关系，金融发展水平与绿色经济增长呈现显著负相关关系，能源消费结构与绿色经济增长呈现不显著负相关关系，交通基础设施与绿色经济增长呈现不显著正相关关系。

四、稳健性检验

为了更进一步印证环境规制对绿色经济增长影响的传导机制的稳健性，本章采用 SBM – Malmquist – Luenberger 对绿色全要素生产率进行重新测算，将测算的结果代入模型当中进行实证分析。从模型估计的结果来看（见表 6 – 2），AR（2）的 P 值均大于 0.1，说明系统 GMM 不存在二阶序列自相关。Sargan 的统计检验表明，模型显著接受"所有工具变量都有效"的原假设，说明系统 GMM 模型设定合理，工具变量有效。通过模型 4 可知，环境规制与产业结构升级的交互项与绿色经济增长呈现显著的正相关关系，即环境规制通过产业结构升级促进了绿色经济增长，与模型 1 的结论保持一致，说明环境规制通过产业结构升级促进绿色经济增长具有稳健性。通过模型 5 可知，环境规制与技术创新交互项与绿色经济增长呈现显著的正相关关系，即环境规制通过技术创新促进绿色经济增长，与模型 2 的结论保持一致，说明环境规制通过技术创新促进绿色经济增长具有稳健性。通过模型 6 可知，环境规制与外商直接投资的交互项与绿色经济增长呈现显著的正相关关系，即环境规制能够通过外商直接投资促进绿色经济增长，与模型 3 的结论保持一致，说明环境规制通过外商直接投资促进绿色经济增长具有稳健性。

表 6 - 2 环境规制对绿色经济增长影响的传导机制稳健性检验

解释变量	被解释变量（lngtfp）		
	模型 4	模型 5	模型 6
L. lngtfp	0.1170 *** （0.0111）	0.1091 *** （0.0223）	0.0967 *** （0.0139）
lner	0.0580 *** （0.0097）	0.3080 *** （0.0435）	0.1479 *** （0.0186）
lnind	0.1447 *** （0.0204）		
lner * lnind	0.1227 *** （0.0103）		
lntc		0.0382 *** （0.0097）	
lner * lntc		0.0546 *** （0.0080）	
lnfdi			0.1173 *** （0.0136）
lner * lnfdi			0.0566 *** （0.0083）
lnedu	- 0.0803 （0.0604）	- 0.0357 （0.0517）	- 0.0785 * （0.0445）
lnfai	- 0.0168 （0.0159）	- 0.0157 （0.0128）	- 0.0234 *** （0.0052）
lnener	- 0.0014 （0.0081）	- 0.0112 * （0.0061）	0.0094 * （0.0053）
lntar	0.1481 *** （0.0194）	0.1703 *** （0.0175）	0.1827 *** （0.0362）
cons	0.2513 * （0.1346）	0.3039 ** （0.1279）	0.4058 *** （0.0991）
AR(1)	0.0999	0.0860	0.1021
AR(2)	0.6970	0.7361	0.8478
Sargan	1	1	1

注：*** 、** 、* 分别表示在 0.01、0.05、0.10 水平下显著，括号中的数值为标准差。

第四节 本 章 小 结

本章在借鉴相关学者的研究的基础上选取了产业结构升级、技术创新以及外商直接投资三个方面来分析环境规制对绿色经济增长的传导路径。在相关理论机制分析的基础之上，选取 1997～2015 年 30 个省级行政单位的面板数据进行实证检验。具体内容如下：

第一，从理论层面分析了环境规制通过产业结构升级、技术创新以及外商直接投资三条路径对绿色经济增长的影响，并提出了研究假设。

第二，在借鉴相关学者对传导机制的研究方法的基础上构建了计量经济模型，然后实证检验了环境规制对绿色经济增长影响的传导机制。结果表明：（1）环境规制能够促进产业结构升级提升绿色经济增长；（2）环境规制能够促进技术创新推动绿色经济增长；（3）环境规制通过引导外商直接投资流向第三产业，改善外商直接投资质量促进绿色经济增长。

第三，本章检验了环境规制对绿色经济增长影响的传导机制的稳健性，结果表明，环境规制通过产业结构升级、技术创新以及外商直接投资三条路径对绿色经济增长的促进作用依然稳健，证明了这一结论的可靠性。

第七章

环境规制对绿色经济增长
影响的门槛效应分析

环境规制对绿色经济增长的促进作用可能会因受外在制度环境的影响而有所不同。我国幅员辽阔，各地区自然、社会经济等条件具有显著差异，在此基础上形成的政治经济制度也会表现出一定的差异性。只有了解不同制度环境的差异对两者之间关系的影响，才有助于营造良好的政治经济制度，进一步发挥环境规制对绿色经济增长的促进作用。因此，本章主要从制度环境视角选取环境分权、财政分权以及市场化程度三个方面来分析环境规制对绿色经济增长的门槛效应。

第一节　门槛效应理论分析

一、环境分权门槛效应理论分析

环境分权主要是指在环境保护方面地方政府所具有的自主权和决策权。环境分权实际上探讨的是多级政府体系中政府之间环境保护的责任分配问题，换言之，就是如何在中央和地方政府之间分配环保责任，实际上是一种"事权"的划分。一般而言，环境分权程度越高，地方政府所具有的自主权和决策权就越大。蒂布特（Tiebout，1956）认为环境规制能够得到有效发挥依赖于中央政府，当地方政府在环境保护方面拥有较大的自主权和决策权时，可能会为了发展本地区经济降低环境规制标准，进而加剧资源消耗与环境污染。梁平汉等（2014）研究发现，环境分权会导致地方政府与地方企业形成合谋，影响环境规制作用的发挥，造成严重的环境污染问题。张华等（2017）研究发现，随着环境分权越高，地方政府对环境保护事务的干预可能越多，从而不利于环境保护事务的顺利开展，加重当地环境污染。李光龙等（2019）研究发现，当地方政府在环境保护方面具有的自主权越大时，随着地方政府竞争程度的加剧，地方政府更倾向放松环境规制谋求本地区的经济增长，不利于绿色发展。何爱平等（2019）研究发现，由于地方政府在经济领域的竞争，使得环境规制出现"竞次"现象，忽视了生态环境的保护，进而不利于绿色发展效率的提升。综上所述，环境分权越高，地方政府在环境保护方面所具有的自主权就越大，地方政府越可能通过放松环境规制实现短期的经济增长，进而加剧资源浪费与环境污染，不利于绿色经济增长，因此，环境规制对绿色经济增长可能存在基于环境分权的门槛效应。

二、财政分权门槛效应理论分析

财政分权主要是指中央政府赋予地方政府一定税收管理和预算执行方面的自主权，实际上是一种"财权"的划分。邵传林（2016）认为中国式的财政分权具有以下特点：一是与发达国家的联邦框架下的财政分权不同，中国式的财政分权主要体现在经济发展方面；二是中国各种税收的立法主要集中在中央，因此，财政分权缺乏税费立法权基础；三是中国式的财政分权具有不完全、不规范的特征。财政分权越高，地方政府在财政方面具有越大的自由权。李斌等（2016）研究发现，财政分权越高，地方政府越倾向于牺牲环境，引进污染密集型行业，从而加剧了环境污染，阻碍了绿色全要素生产率的提升。杜俊涛等（2017）

研究发现，当地方政府以经济增长为主要目标时，随着财政分权程度的提升，地方政府会减少环境治理投资，选择牺牲环境规制为代价实现经济短期增长。李斌等（2017）认为当政治晋升诉求高于环境治理诉求，随着财政分权程度的提升，地方政府会加强廉租房建设等短期政绩工程的支出，减少环境污染等投资周期较长的治理支出，或降低环境规制标准，不利于经济低碳转型。和立道等（2018）认为财政分权越高，地方政府越可能会压缩环保支出规模，将支出重点转移到经济增长领域，从而限制了环境规制的作用发挥，影响了生态环境质量，不利于绿色发展。综上所述，财政分权越高，地方政府在财政方面具有的自由权就越大，地方政府越可能减少环境治理支出，这就会影响环境规制作用的发挥，不利于绿色经济增长。因此，环境规制对绿色经济增长可能存在基于财政分权的门槛效应。

三、市场化程度门槛效应理论分析

市场化是指用市场作为解决社会经济发展问题的一种手段。市场主要通过多种机制引导企业进行生产活动，根据市场需求决定生产什么、生产多少、怎么生产以及由谁生产的问题，最终实现资源的有效配置。市场化水平较高，意味着政府直接干预较少，要素市场和产品市场较为完善，非国有经济比重的提升和法律制度不断完善，资源能够得到合理配置（樊纲等，2003）。王小宁等（2015）认为较高的市场化程度能够提供更为有效的环境信息，为环境规制政策的制定与执行提供良好的环境，进而能够提升环境规制的效果，实现资源的优化配置，促进经济增长。韩晶等（2017）研究发现，在市场化程度不断提升的背景下，环境规制强度提升能够通过增加清洁型产品收益，进而促进绿色经济增长。张可（2019）认为随着市场化程度不断提高，市场一体化的加强有利于促进地区之间的交流与合作，进而有助于构建地区之间利益共同体。实现环境污染治理是地区政府之间的利益诉求，有助于保持地区之间的环境标准或环境政策一致性，能够提升环境规制效果，显著降低地区的污染排放水平。综上所述，市场化水平程度越高，越有助于发挥环境规制的污染减排和资源配置的作用，进而推动绿色经济增长。因此，环境规制对绿色经济增长可能存在基于市场化程度的门槛效应。

第二节　门槛效应模型设定及变量说明

一、门槛回归方法及模型设定

以往对整个样本中的多个子样本进行区分并加以检验时，往往先需要通过主观判断的方式确定某一门槛值，作为划分不同子样本的依据，以此对整体样本进行细分，并对细分后的不同子样本进行回归检验，但这种方式尚没有对门槛值的显著性加以检验，也没有对门槛值进行参数回归，导致分析结果的不准确性。针对这个问题，汉森（Hansen，1999）提出了"门槛回归"的计量方法，该方法主要是捕捉某一变量的临界点，以此作为门槛变量，并检验门槛变量两侧的自变量与因变量之间相关关系的估计系数是否发生显著性的变化。该方法主要根据数据本身特点确定门槛值，并对以此划分的子样本进行回归检验，进而提升分析结果的准确性。本书借鉴李筱乐（2014）的做法，将门槛回归方法的具体计算原理表述如下。

（一）单一门槛模型

$$y_{it} = \omega_1 X_{it} \cdot I(q_{it} \leqslant \lambda) + \omega_2 X_{it} \cdot I(q_{it} > \lambda) + \mu_i + \varepsilon_{it} \qquad (7-1)$$

模型中的 y_{it} 表示个体 i 在 t 时期的被解释变量，X_{it} 表示个体 i 在 t 时期的解释变量，q_{it} 表示个体 i 在 t 时期的门槛变量，ω_1 和 ω_2 表示的待估计的参数，λ 表示待估计的门槛值，μ_i 表示个体未观测的特征，ε_{it} 表示扰动项。

模型可以采用非线性最小二乘法（NLS）对门槛值 λ 和参数 ω 进行

估计。当 λ 取值已确定时，则令 $z_{it1} = X_{it} \cdot I(q_{it} \leq \lambda)$，$z_{it2} = X_{it} \cdot I(q_{it} > \lambda)$，将公式(7 - 1)转化成为线性回归模型，即 $y_{it} = \omega_1 z_{it1} + \omega_2 z_{it2} + \mu_i + \varepsilon_{it}$，$\omega_1(\lambda)$ 和 $\omega_2(\lambda)$ 可以用最小二乘法(OLS)估计，并计算残差平方和 $SSR(\lambda)$，选择 λ 使得 $SSR(\lambda)$ 最小，最终可得到的参数估计量为 $[\omega_1(\hat{\lambda}), \omega_2(\hat{\lambda}), \hat{\lambda}]$。门槛模型检验主要包括两部分检验：一是门槛效应的显著性检验，其主要是为了验证"门槛效应"是否存在。假设 $H_0: \omega_1 = \omega_2$，在此约束下所得到的无约束残差平方和即为 $SSR(\hat{\lambda})$，残差平方和即为 SSR^*，且 $SSR^* \geq SSR(\hat{\lambda})$。$[SSR^* - SSR(\hat{\lambda})]$ 越大，则越倾向于拒绝原假设。如果原假设 $H_0: \omega_1 = \omega_2$ 成立，则不存在门槛效应；如果拒绝原假设，则认为模型存在门槛效应。二是门槛值的真实性进行检验。如果存在门槛效应的话，需要对门槛值的真实性进行检验，即检验 $H_0: \lambda = \lambda_0$，在确定 λ 的置信区间时可以利用似然比检验 $LR(\lambda)$ 统计量来计算，$LR(\lambda)$ 计算为：$LR(\lambda) = [SSR(\lambda) - SSR(\hat{\lambda})/\hat{\sigma}^2]$，其中 $\hat{\sigma}^2 = \dfrac{SSR(\hat{\lambda})}{n(T-1)}$。

（二）多门槛模型

对于门槛变量 q_{it}，假设存在两个门槛值 λ_1 和 λ_2，则其门槛回归模型为：

$$
\begin{aligned}
y_{it} = {} & \omega_1 X_{it} \cdot I(q_{it} \leq \lambda_1) + \omega_2 X_{it} \cdot I(\lambda_1 < q_{it} \leq \lambda_2) \\
& + \omega_3 X_{it} \cdot I(q_{it} > \lambda_2) + \mu_i + \varepsilon_{it}
\end{aligned} \tag{7-2}
$$

其中，门槛值 $\lambda_1 < \lambda_2$。在进行假设检验与参数估计时，双门槛模型的计算步骤与单一门槛模型的计算步骤相同。首先，对门槛效应的显著性检验，如果原假设 $H_0: \omega_3 = \omega_2$ 成立，则表明不存在双重门槛效应。如果原假设不成立，则表明模型存在双门槛效应。在计算门槛值时，先假定第一个门槛值 λ_1 已知，然后搜索第二个门槛值 λ_2，当第二个门槛值 λ_2 确定时，再对第一个门槛值 λ_1 进行搜索。其次，在确定 λ_1、λ_2 的置信区间以后，仍然使用似然比检验 $LR(\lambda)$ 统计量来计算，以验证双门槛值的真实性。

（三）模型设定

本书借鉴了汉森（1999）和连玉君等（2006）的门槛回归模型，在上文理论分析的基础上建立门槛回归模型，考虑到异方差问题，本书对各变量进行了对数处理，设定模型如下：

$$
\begin{aligned}
\text{lngtfp}_{it} = & \omega_0 \text{lner}_{it} \cdot I(\text{lned}_{it} \leqslant \lambda_1) + \omega_1 \text{lner}_{it} \cdot I(\lambda_1 < \text{lned}_{it} \leqslant \lambda_2) \\
& + \omega_{n-1} \ln er_{it} \cdot I(\lambda_{n-1} < \text{lned}_{it} \leqslant \lambda_n) + \cdots \\
& + \omega_n \ln er_{it} \cdot I(\text{lned}_{it} > \lambda_n) + \alpha \ln g \, tfp_{it-1} \\
& + \beta \ln X_{it} + \mu_i + \varepsilon_{it}
\end{aligned} \quad (7-3)
$$

$$
\begin{aligned}
\text{lngtfp}_{it} = & \omega_0 \text{lner}_{it} \cdot I(\text{lnfd}_{it} \leqslant \lambda_1) + \omega_1 \text{lner}_{it} \cdot I(\lambda_1 < \text{lnfd}_{it} \leqslant \lambda_2) \\
& + \omega_{n-1} \ln er_{it} \cdot I(\lambda_{n-1} < \text{lnfd}_{it} \leqslant \lambda_n) + \cdots \\
& + \omega_n \ln er_{it} \cdot I(\text{lnfd}_{it} > \lambda_n) + \alpha \ln g \, tfp_{it-1} + \beta \ln X_{it} + \mu_i + \varepsilon_{it}
\end{aligned}
$$

$$ (7-4) $$

$$
\begin{aligned}
\text{lngtfp}_{it} = & \omega_0 \, \text{lner}_{it} \cdot I(\text{lnmar}_{it} \leqslant \lambda_1) + \omega_1 \text{lner}_{it} \cdot I(\lambda_1 < \text{lnmar}_{it} \leqslant \lambda_2) \\
& + \omega_{n-1} \ln er_{it} \cdot I(\lambda_{n-1} < \text{lnmar}_{it} \leqslant \lambda_n) + \cdots \\
& + \omega_n \ln er_{it} \cdot I(\text{lnmar}_{it} > \lambda_n) + \alpha \ln g \, tfp_{it-1} + \beta \ln X_{it} + \mu_i + \varepsilon_{it}
\end{aligned}
$$

$$ (7-5) $$

其中，ed_{it}表示 i 省份在 t 时期的环境分权状况，fd_{it}表示 i 省份在 t 时期的财政分权状况，mar_{it}表示 i 省份在 t 时期的市场化程度状况，$gtfp_{it}$、er_{it}、X_{it}、μ_i和ε_{it}含义与前文一致，在此不做表述。λ_1，λ_2，$\cdots$，λ_n表示 n 个不同水平门槛值，ω_1，ω_2，$\cdots$，ω_n、α、β表示待估参数。公式（7-3）表示环境分权门槛回归模型，公式（7-4）表示财政分权门槛回归模型，公式（7-5）表示市场化程度门槛回归模型。

二、变量说明

（一）环境分权（ed）

环境分权主要强调不同层级政府在环境管理事务方面权利的划分。

目前有关环境分权的衡量指标至今尚未形成一致的看法，部分学者采用财政分权的指标衡量环境分权，但环境分权更多强调的是"事权"的划分，而财政分权更多强调的是"财权"的划分，并且在地方上常常出现"事权"与"财权"不匹配的状况。因此，用财政分权的指标难以准确衡量环境分权。部分学者采用人员分布状况作为衡量环境分权的指标，主要因为环境管理人员作为行使环保权力的载体，是开展环境保护工作的主要力量，其在不同层级政府之间的分布状况，是地区实行环境保护事务自主权的一种重要体现。另外，不同时期环境事务集权与分权的变化程度也可以通过环境管理人员分布的变动体现，国际上通常也用人员分布衡量分权。基于以上分析，本书借鉴学者陆远权等（2016）对环境分权的衡量方法，采用环保系统人员分布状况作为衡量环境分权的指标，具体计算方法如下：

$$ed_{it} = \frac{le_{it}/ne_t}{lp_{it}/np_t} \qquad (7-6)$$

其中，ed_{it} 表示 i 省份 t 时期环境分权的程度，le_{it} 表示 i 省份 t 时期拥有的环保系统人员数，lp_{it} 表示 i 省份 t 时期所拥有的人口数，ne_t 表示 t 时期全国环保系统人员数，np_t 表示 t 时期全国人口数。

（二）财政分权（fd）

财政分权强调中央政府赋予各地方政府相对独立的财政收入与支出范围，目前有关财政分权的衡量指标至今尚未形成一致的看法。比较有代表性主要包括两类指标：一类是采用各地方政府财政收入的分成率或边际分成率进行衡量；另一类是采用地方政府财政收支占全部财政收支的比重进行衡量。第一类衡量指标是建立在对中央与地方财政包干分成规则做定性判断的基础之上进行测量的，但分税制改革以后，该指标不再适用（张光，2011）。第二类衡量指标由于具有较强的客观性和操作性而得到广泛使用。因此，本书借鉴学者赵霄伟（2014）和周敏（2019）等对财政分权的衡量方法，主要采用本级人均地方财政支出／（本级人均地方财政支出 + 本级人均中央财政支出）来进行衡量。

（三）市场化程度（mar）

市场化程度强调的是市场在资源配置中所起作用的程度，通过市场机制解决社会经济发展过程中的问题。目前有关市场化程度的衡量指标至今尚未形成一致的看法，比较有代表性指标包括：非国有工业企业产值占工业总产值的比重、非国有单位就业人数占就业总人数的比重、非国有固定资产占固定资产总投资的比重等，但是用这些指标衡量市场化程度未免过于片面，无法反映市场化全貌。樊纲等（2011）认为市场化应该是包含社会、经济以及法律制度等诸多方面的，为了能够更全面地反映市场化程度，樊纲等人从政府与市场的关系、要素市场的发育程度、产品市场的发育程度、非国有经济的发展、法律制度环境五个维度对市场化进行全面衡量。因此，本书主要采用樊纲等人编制的《中国市场化指数：各省区市场化相对进程 2011 年度报告》中公布的市场化指数进行衡量。因为报告中只公布了 1997 ~ 2009 年的数据，2010 ~ 2015 年的数据通过采用趋势外推法推测而得。

第三节　门槛效应实证检验

在运用门槛回归方法分析之前，需要验证是否存在门槛并确定门槛数量，进而确定模型的具体形式。本书使用 Bootstrap 反复抽样 300 次分别对单门槛、双门槛和三门槛进行了检验，并得到对应的 P 值和 F 值，结果显示（见表 7 - 1），以环境分权为门槛变量时，单一门槛在 5% 水平下显著，P 值为 0.020；双重门槛在 5% 水平下显著，P 值为 0.027；三重门槛不显著，P 值为 0.137。因此，环境分权存在双重门槛。以财政分权为门槛变量时，单一门槛在 10% 水平下显著，P 值为 0.097；双重门槛不显著，P 值为 0.300；三重门槛也不显著，P 值为 0.127。因此，财政分权存在单一门槛。以市场化程度为门槛变量时，单一门槛在 1% 水平下显著，P 值为 0.000；双重门槛不显著，P 值为 0.263；三重门槛不显著，P值为0.350。因此，市场化程度存在单一门槛。

表7-1　　　　　　　　　　　门槛效应检验结果

门槛变量	门槛性质	F值	P值	BS次数	临界值		
					1%	5%	10%
环境分权	单一门槛	9.914**	0.020	300	11.280	7.387	4.961
	双重门槛	10.444**	0.027	300	12.559	7.380	5.302
	三重门槛	5.990	0.137	300	18.589	9.323	6.847
财政分权	单一门槛	6.122*	0.097	300	13.045	8.900	5.950
	双重门槛	1.846	0.300	300	14.399	9.592	6.518
	三重门槛	5.520	0.127	300	12.474	8.611	6.277
市场化程度	单一门槛	23.743***	0.000	300	14.038	8.568	5.768
	双重门槛	3.273	0.263	300	14.478	8.560	6.297
	三重门槛	2.702	0.350	300	15.653	9.696	6.917

注：***、**、*分别表示在0.01、0.05、0.10水平下显著，括号中的数值为标准差。

一、环境分权门槛效应实证检验

根据表7-2计算出的门槛值将环境分权分为环境分权较低水平（ed≤1.105）、环境分权适度水平（1.105＜ed≤1.220））和环境分权较高水平（ed＞1.220）三种类型，并代入模型进行测算。表7-3中的模型1显示的是环境规制对绿色经济增长影响的环境分权门槛效应，从模型估计的结果来看，AR（2）的P值大于0.1，表明系统GMM不存在二阶序列自相关。Sargan统计检验表明，模型显著接受"所有工具变量都有效"的原假设，说明系统GMM模型设定合理，工具变量有效。从参数估计的结果来看：（1）当环境分权处于较低水平时，环境规制与绿色经济增长呈现负相关关系在1%水平下显著，回归系数为-0.0244。主要原因在于当环境分权处于较低水平时，地方政府在环境保护方面拥有的自主权与决策权较小，中央政府统一制定和推行的环境规制措施与各地区实际情况不相符合，可能会扭曲资源配置，难以取得预期效果。同时当环境分权处于较低水平时，也会增加中央和地方政府之间的信息传递成本，不利于发挥环境规制的污染治理和资源的优化配置作用，进而抑制了绿色经济增长。（2）当环境分权处于适度水平时，环境规制与绿色经济增长呈现正相关关系，在1%水平下显著，回归系数为0.0446。主要原因在于当环境分权处于适度水平时，地方政府在环境保护方面拥有一定自主权与决策权，能够根据当地的实际情况因地制宜地采取环境规制措施，并且也能够发挥地方"国家实验室"的功能，实现自下而上渐进式改革，进而有助于发挥环境规制对环境技术和资源优化配置的促进作用。同时环境分权处于适度水平时，有助于提升环境治理效果，改善环境质量，而环境质量的提升有助于提高劳动者健康水平，减少员工生病请假次数，能够使企业的生产效率提升，也有助于减少企业医疗保险费用的支出，减轻企业负担。良好的环境质量也是吸引优秀人才的一个重要因素，随着环境质量的改善，高端人才得到有效的引进，企业人员结构得到优化，企业生产效率得到提高。罗勇根等（2019）研究发现，环境质量的改善有助于进一步提升地区的创新活动，从而更好发挥环境规制的作用，提升企业技术创新水平和企业生产效率，进而促进绿色经济增长。（3）当环境分权处于较高水平时，环境规制与绿色经济增长呈现负相关关系，在1%水平下显著，回归系数为－0.0826。主要原因是当环境分权处于较高水平时，地方政府在环境保护方面拥有较大自主权与决策权，一些地方政府存在为了追求经济发展牺牲环境的行为，地方政府会通过降低环境规制标准等方式引入那些污染严重但利税较多、吸纳就业能力较强的大型企业。同时当地方政府拥有较大环境保护方面自主权与决策权时，当缺乏有效监管时，容易滋生寻租、腐败等现象，导致污染型企业与地方政府合谋，加剧环境污染，进而不利于发挥环境规制作用，抑制绿色经济增长。

表 7 - 2　　　　　　　　　　门槛值估计结果

门槛变量		门槛估计值	95% 置信区间
环境分权	门槛 1	1.105	[1.035, 1.114]
	门槛 2	1.220	[1.203, 1.234]
财政分权	门槛 1	0.682	[0.287, 0.682]
市场化程度	门槛 1	3.916	[3.861, 3.919]

表 7 - 3　　　　环境规制对绿色经济增长影响的门槛模型检验估计结果

解释变量	被解释变量（lngtfp）		
	模型 1	模型 2	模型 3
L. lngtfp	0.1172 *** (0.0243)	0.1402 *** (0.0315)	0.1394 *** (0.0259)
lnedu	0.0964 *** (0.0318)	0.0801 *** (0.0270)	0.1020 ** (0.0436)
lnfai	- 0.0089 (0.0067)	- 0.0337 *** (0.0051)	- 0.0312 *** (0.0054)
lntar	0.0041 (0.0030)	0.0058 (0.0037)	- 0.0015 (0.0053)
lnener	0.0363 ** (0.0142)	0.0809 *** (0.0094)	0.0787 *** (0.0148)
lner * I（lned ≤ λ1）	- 0.0244 *** (0.0047)		
lner * I（λ1 < lned ≤ λ2）	0.0446 *** (0.0080)		
lner * I（lned > λ2）	- 0.0826 *** (0.0085)		
lner * I（lnfd ≤ λ1）		0.1649 *** (0.0451)	
lner * I（lnfd > λ1）		- 0.1361 *** (0.0456)	

续表

解释变量	被解释变量（lngtfp）		
	模型1	模型2	模型3
lner * I（lnmar≤λ1）			-0.0424 *** (0.0052)
lner * I（lnmar>λ1）			0.0536 *** (0.0054)
cons	-0.1865 *** (0.0689)	-0.1329 ** (0.0600)	-0.1725 * (0.0952)
AR（1）	0.0291	0.0489	0.0498
AR（2）	0.9239	0.8821	0.9810
sargan	1.0000	1.0000	1.0000

注：*** 、 ** 、 * 分别表示在0.01、0.05、0.10水平下显著，括号中的数值为标准差。

二、财政分权门槛效应实证检验

根据表7-2计算出的门槛值将财政分权分为财政分权较低水平（fd≤0.682）和财政分权较高水平（fd>0.682）两种类型，并代入模型中进行测算。表7-3中的模型2显示的是环境规制对绿色经济增长影响的财政分权门槛效应，从模型估计的结果来看，AR（2）的P值大于0.1，说明系统GMM不存在二阶序列自相关。Sargan的统计检验表明，模型显著接受"所有工具变量都有效"的原假设，说明系统GMM模型设定合理，工具变量有效。从参数估计结果来看：（1）当财政分权处于较低水平时，环境规制与绿色经济增长呈现正相关关系，在1%水平下显著，回归系数为0.1649。主要原因在于当财政分权处于较低水平时，地方财政支出受到中央财政的影响，有助于地方政府行为能够与中央政府保持一致：一方面能够降低地方政府对环境保护资金的挤占、挪用程度，保证环境财政的支出，不断完善环境基础设施，同时提升环境治理能力，进而发挥环境规制的作用，促进绿色经济增长；另一方面也能促使地方政府响应国家的号召，通过财政和税收等政策支持企业进行技术创新，这样有利于减少企业研发创新的成本，降低研发创新的风险，进而激励企业从事技术创新活动，增强企业治污能力，促进企业生产绿色革新，减少环境污染，从而充分发挥环境规制对绿色经济增长的促进作用。（2）当财政分权处于较高水平时，环境规制与绿色经济增长呈现负相关关系，在 1% 水平下显著，回归系数为 -0.1361。主要原因在于当财政分权处于较高水平时，随着财政分权程度不断提升，地方政府在财政方面有更大的自主权。一方面其对环境保护事务缺乏较为完善的激励制度，环境作为公共物品具有明显的外部性特征，加之地方政府存在"搭便车"的心理影响，导致地方政府对环境保护支出的支持力度不够。同时，环境污染治理方面的支出具有投资规模大、经济回报率低等特点，相对于经济效益见效快的其他投资而言，地方政府往往缺乏环境污染治理投资的积极性。另一方面地方政府作为"经济政治人"在进行决策时，通常以自身利益最大化为前提，由于受以经济建设为中心的考核和晋升机制的影响，地方政府的官员更加注重短期的经济增长，而忽视经济的长期可持续发展，从而导致在经济增长过程中忽略对资源的节约利用、环境保护以及科技的创新。这也意味着在财政分权的体制下，地方政府可以通过利用财政补贴或税收优惠等政策吸引或支持高污染、高耗能的企业迁入或发展，从而抵消环境规制对企业生产成本的影响，进而不利于发挥环境规制对绿色经济增长的促进作用。

三、市场化程度门槛效应实证检验

根据表 7-2 计算出的门槛值将市场化程度分为市场化程度较低水平（mar ≤ 3.916）和市场化程度较高水平（mar > 3.916）两种类型，并代入模型中进行测算。表 7-3 中的模型 3 显示的是环境规制对绿色经济影响的市场化程度门槛效应，从模型估计的结果来看，AR（2）的 P 值大于 0.1，表明系统 GMM 不存在二阶序列自相关。Sargan 的统计检验表明，模型显著接受"所有工具变量都有效"的原假设，说明系统

GMM 模型设定合理，工具变量有效。从参数估计结果来看：（1）当市场化程度处于较低水平时，环境规制与绿色经济增长呈现负相关关系，在 1% 水平下显著，回归系数为 - 0.0424。主要原因在于当市场化程度处于较低水平时：一是政府干预过多可能会扰乱市场正常运行秩序，另外也容易滋生企业寻租等现象，使得部分污染型低效率企业能够继续存在，寻租等行为带来的额外收益会降低此类企业进行技术创新和自身变革的动力，抵消环境规制对企业生产成本的影响，从而抑制了绿色经济增长。二是要素市场发育不完善、要素价格被低估使得落后企业能够获得额外利润而得以继续存在，进一步加强此类企业对要素的使用规模会加剧资源浪费的现象，也会降低企业进行技术研发的积极性，不利于发挥环境规制作用，抑制了绿色经济增长。三是产品市场发育不完善，一方面产品市场分割不利于企业规模再扩大和优化资源配置，另一方面一些企业通过寻租取得较高的产品定价，进而能够促使此类企业获得超额利润，降低了其进行工艺改进、技术创新的动力，抵消了环境规制对企业生产成本的影响，不利于绿色经济增长。四是国有企业比重过高，政府作为国有企业的最终出资人，与国有企业之间存在比较密切的关系，同时也在一定程度上影响着国有企业的经营决策和人事任免，当国有企业遇到困难时，政府通过金融部门给国有企业提供低廉资金或通过各种财政补贴给予支持，一方面使低效率国企能够继续存在，另一方面国企的"预算软约束"对创新活动有阻碍作用，不利于发挥环境规制的作用，抑制了绿色经济增长。五是法律制度环境的不健全，知识产权制度保护的缺失意味着企业进行技术创新的结果得不到有效保护，降低了企业进行技术创新的预期收益，而在技术创新的风险与预期收益不对等的情况下，企业将降低对技术研发的支持力度，从而不利于发挥环境规制对绿色经济增长的促进作用。（2）当市场化程度处于较高水平时，环境规制与绿色经济增长呈现正相关关系，在 1% 水平下显著，回归系数为 0.0536。主要原因在于当市场化程度处于较高水平时：一是政府对市场干预较少，减少了寻租与腐败行为的发生，使市场机制在资源配置中起主导作用，引导要素从低效率部门向高效率部门转移，从而促进优势企业发展，有助于发挥环境规制对资源优化配置的作用，进而促进绿色经济增长。二是要素市场发育完善，能够促进要素的合理流动，效益较高的企业更容易获得要素，强化要素使用企业之间对要素的竞争，迫使企业加强技术创新、改进生产工艺，提高要素使用效率。环境规制能够进一步提升要素价格，加剧企业之间的要素竞争，进而促进绿色经济增长。三是产品市场发育完善，使得产品的价格扭曲程度逐渐降低，并且产品市场化有助于消除产品市场分割，从而使企业产品面对更多的消费者。随着生活水平和环保意识不断增强，消费者会倾向增加对绿色产品的需求，企业为了满足消费者的需求，会不断改进工艺、改善管理、提高产品品质，进行产品创新有助于发挥环境规制作用，进而促进绿色经济增长。四是非国有经济比重不断提升，在激烈的市场竞争中，非国有经济为了生产和发展，必须迎合市场需求，不断进行技术创新、产品创新，提高资源使用效率，降低生产成本。同时，非国有企业对环境规制较为敏感，有助于发挥环境规制对非国有企业的技术创新作用，进而促进绿色经济增长。五是法律制度环境的完善，有助于减少寻租行为，形成公平的竞争环境，有助于优胜劣汰的市场机制发挥作用，提高资源使用效率，同时知识产权保护制度的不断完善，有助于降低技术创新的预期风险，进而能够发挥环境规制作用，促进绿色经济增长。

第四节　本 章 小 结

本章从制度环境视角选取了环境分权、财政分权以及市场化程度三个方面分析了环境规制对绿色经济增长的门槛效应。在对门槛效应进行理论分析基础上，选取 1997～2015 年 30 个省级行政单位的面板数据进行实证检验。具体内容如下：

第一，从理论层面分析了环境规制对绿色经济影响的环境分权门槛效应、环境规制对绿色经济影响的财政分权门槛效应以及环境规制对绿色经济影响的市场化程度门槛效应，并提出了研究假设。

第二，采用门槛回归模型实证检验了环境规制对绿色经济增长的门槛效应，结果表明：（1）环境规制对绿色经济增长影响存在环境分权双重门槛。当环境分权处于较低水平时，不利于发挥环境规制对绿色经济增长的促进作用；当环境分权处于适度水平时，有助于发挥环境规制对绿色经济增长的促进作用；当环境分权处于较高水平时，不利于发挥环境规制对绿色经济增长的促进作用。（2）环境规制对绿色经济增长影响存在财政分权的单重门槛。当财政分权处于较低水平时，有助于发挥环境规制对绿色经济增长的促进作用；当财政分权处于较高水平时，不利于发挥环境规制对绿色经济增长的促进作用。（3）环境规制对绿色经济增长影响存在市场化程度的单重门槛。当市场化程度处于较低水平时，不利于发挥环境规制对绿色经济增长的促进作用；当市场化程度处于较高水平时，有助于发挥环境规制对绿色经济增长的促进作用。

第八章

结论与政策建议

改革开放以来，中国经济飞速发展，中国已成为名副其实的经济大国。但随着生态环境严重恶化，原有的粗放型发展模式难以实现经济持续健康发展。绿色经济增长是强调在资源承载力和环境容量约束下实现经济与环境协调发展的一种新型经济增长方式，是实现经济持续健康发展的重要途径。随着我国对生态环境问题的日益重视，我国的环境规制体系不断完善，环境规制在解决环境问题的同时也对经济社会发展产生重要影响。那么，探讨环境规制究竟能否促进以及如何促进绿色经济增长，对实现中国经济转型、推动可持续发展具有重要的现实意义。本书结合基于相关理论，囿于数据限制，最终选取 1997～2015 年 30 个省级行政单位的面板数据为研究样本，结合计量经济学模型，全面考察环境规制对绿色经济增长的影响，得出了如下基本结论。

第一节 结 论

一、环境规制体系不断完善并取得良好效果

我国环境规制经历 40 多年的发展，形成了较为完善的环境规制体

系。环境规制的发展轨迹大体上可以划分为四个阶段：环境规制建立阶段（1973～1992年）；环境规制发展阶段（1992～2002年）；环境规制调整阶段（2002～2012年）；环境规制深化阶段（2012年至今）。环境规制工具也不断丰富，逐渐形成了包括命令控制型、市场激励型以及自愿型在内的多种环境规制工具。环境规制实施的效果也不断显现，全国和区域层面的大气污染中的二氧化硫排放量、烟（粉）尘排放量，水污染中的化学需氧量排放量以及固体废弃物污染中的工业固体废弃物排放量都呈下降趋势，而水污染中的废水排放量却呈逐年上升趋势。全国和区域层面的大气污染中单位GDP二氧化硫排放量、单位GDP烟（粉）尘排放量，水污染中的单位GDP废水排放量、单位GDP化学需氧量排放量以及固体废弃物污染中单位GDP工业固体废弃物排放量都呈现显著下降趋势。

二、绿色经济增长不断提升并呈收敛趋势

在比较绿色经济增长测算方法的基础上，本书主要采用非参数混合径向EBM模型结合Malmquist - Luenberger生产率指数对绿色经济增长进行测算，并对绿色经济增长收敛状况进行检验。结果显示：（1）从全国来看，1997～2015年整个样本期间内绿色经济增长平均值为1.0074，说明我国正在扭转粗放型发展方式，向绿色经济增长方向转变。绿色技术进步水平提升是推动绿色经济增长水平上升的主要原因。从区域来看，我国东部地区的绿色经济增长平均值为1.0178，中部地区的绿色经济增长平均值为1.0048，西部地区的绿色经济增长平均值为0.999，说明我国东部和中部地区的绿色经济增长水平不断提升，而西部地区的绿色经济增长水平下降。东部和中部地区的绿色技术进步水平提升是推动绿色经济增长水平上升的主要原因，而西部地区的绿色技术效率水平下降是导致绿色经济增长水平下降的主要原因。（2）从δ收敛性检验来看，全国和东中部地区绿色经济增长呈现δ收敛趋势，而西部地区没有呈现出δ收敛的趋势。从绝对β收敛性检验来看，全国和

东中西部地区存在绝对 β 收敛，说明期初绿色经济增长落后的省份增长速度比发达省份更快，因此，所有省份的绿色经济增长都会趋于同一稳态水平。从条件 β 收敛性检验来看，全国和东中西部地区存在条件 β 收敛，说明全国省份的绿色经济增长存在向自身的稳态水平收敛的趋势，并且东中西部地区内部省份也由于经济环境差异，具有各自不同的稳态水平。

三、环境规制显著促进绿色经济增长

环境规制对绿色经济增长具有显著的促进作用，在不添加控制变量时，环境规制每提升 1 个百分点，能够带动绿色经济增长 0.0329 个百分点，在逐步添加控制变量过程中，环境规制对绿色经济增长的促进作用依然显著，只是回归系数有所降低。中国绿色经济增长滞后一期与当期绿色经济增长均呈现显著的正向相关关系，这说明当期绿色经济增长与前期的绿色经济增长之间具有明显的传递效应。这意味着，前期积累的绿色经济增长会形成示范作用和良性循环，形成持续不断的"绿色推动效应"。使用不同方法检验环境规制对绿色经济增长影响的稳健性，结果显示，环境规制促进绿色经济增长的结论依然稳健。

四、环境规制对绿色经济增长影响存在传导机制

环境规制通过多条路径促进绿色经济增长。具体表现为，环境规制通过产业结构升级促进绿色经济增长，环境规制通过技术创新促进绿色经济增长，环境规制通过外商直接投资促进绿色经济增长，并且产业结构升级、技术创新以及外商直接投资也均促进了绿色经济增长。同时本书还检验了环境规制对绿色经济增长影响的传导机制的稳健性，结果显示，环境规制通过产业结构升级、技术创新以及外商直接投资三种路径促进绿色经济增长的结论依然稳健。

五、环境规制对绿色经济增长影响存在门槛效应

环境规制对绿色经济增长影响存在制度环境的门槛效应。具体表现为：第一，环境规制对绿色经济增长的影响存在环境分权双重门槛效应。当环境分权处于较低水平时，不利于发挥环境规制对绿色经济增长的促进作用；当环境分权处于适度水平时，有助于发挥环境规制对绿色经济增长的促进作用；当环境分权处于较高水平时，不利于发挥环境规制对绿色经济增长的促进作用。第二，环境规制对绿色经济增长影响存在财政分权的单门槛效应。当财政分权处于较低水平时，有助于发挥环境规制对绿色经济增长的促进作用；当财政分权处于较高水平时，不利于发挥环境规制对绿色经济增长的促进作用。第三，环境规制对绿色经济增长存在市场化程度的单门槛效应。当市场化程度处于较低水平时，不利于发挥环境规制对绿色经济增长的促进作用；当市场化程度处于较高水平时，有助于发挥环境规制对绿色经济增长的促进作用。

第二节 政 策 建 议

一、深化环境规制变革，提升环境治理能力

（一）命令控制型环境规制变革

加强对"三同时"监督管理工作的重视程度，特别是监测人员必须进行实地勘察，严格遵循环境监测的各个程序，做好环境监测的各个环节，以促进"三同时"制度的有效落实。适当增加基层环保工作人员的数量，针对一些技术性操作较强的工作，在环保工作人员较少的背景下，政府可以通过购买服务方式引入第三方机构，由第三方机构负责

相关工作的实施，然后由环保主管部门负责最后的审核。扩大环评的范围，将所有对生态环境存在或可能存在严重影响的经济活动纳入环评范围，充分发挥环评的作用和价值。环境行政主管部门实施处罚时应当书面说明理由并加以备案，避免环境行政主管部门与建设单位"合谋"现象的发生。健全环境保护"终身追责"机制，将环境问责具体到责任人头上。排污许可证在立法和执行过程中应考虑非达标区与达标区的差异性，非达标区应依照区域、流域总量消减目标制定污染物消减计划，逐步消减污染物排放总量，实现环境质量持续改善。加快环境标准体系的建设。围绕着大气、水、土壤污染防治行动计划，加快与现阶段经济、社会、环境形势相适应新标准的制定，加强对原有的污染物排放标准和环境质量标准的修订，同时建立完善相配套的技术导则和管理规范，推动国家、地方两级标准协调发展。

（二）市场激励型环境规制变革

完善环保税率调整机制，根据企业的环保技术水平和企业的负担能力科学设定环保税税率，并根据社会经济条件的发展变化建立起动态调整机制。明确环保部门与税务部门在环保税征收过程中的权利与义务，进一步加强双方的交流与合作，强化对环保税的征收工作，有效发挥环保税调节作用。健全排污权交易制度，在排污总量控制的原则之下，科学进行排污初始权的分配，完善排污权交易机制的建设，对排污权进行合理定价，明确排污权交易主体资格，鼓励经济主体参与排污权交易，加强对排污权运行的有效监管，保证交易的公平性，并且简化交易流程，促进交易活动的开展，从而优化环境资源配置，降低环境污染。完善环境补贴机制，加大对环境友好型产业和环保技术创新型企业的补贴力度，从而促进环境友好型产业的快速发展，降低环保技术创新型企业研发的成本，鼓励企业积极开展研发活动。加大中小型企业的环境补贴力度，提升环境治理水平，增强环境补贴效果。

（三）自愿型环境规制变革

加强环境信息公开制度建设，不断提升政府和企业环境信息公开的范围与程度。政府要定期对外公开环境基础标准、污染状况、环境质量标准等环境事项，以便让公众及时了解相关信息。同时，企业也要将生产过程中的污染物排放状况、采取的环境保护措施以及环保投资等行为及时对外公开，特别是超过污染物排放总量规定或因超标排放污染物的企业，必须将政府要求的环境管理的执行情况、企业环境污染治理情况、污染物排放总量状况等环境信息进行详细公开。提升公众参与环境保护意识，根据不同地区或人群开展相应的环境保护教育，提升环境教育的效果。对于欠发达地区，环境教育应突出使用，以解决实际问题为目的，利用展览、演讲比赛以及书籍、报刊、广播、电视、电影等多种人们喜闻乐见的形式加强对公众的环境教育。对于发达地区，需要提升环境教育的层次与水平，借助于职业教育、社会教育以及学校教育不断提升公众参与环境保护的意识。完善中国公众参与的法律制度，为公众参与环境保护提供制度保障，并且明确公众参与环境保护的流程，降低公众参与环境保护的成本，进一步提升公众参与环境保护的积极性。

二、增强经济转型动力，转变经济增长方式

（一）深化产业结构调整，促进产业绿色化转型

首先，大力发展第三产业。一是利用互联网等现代技术改造传统服务业，推动传统服务业的转型升级，使其焕发新的生机。二是加快物流、研发、电子商务等生产性服务业的发展，补齐生产服务业的短板，使其能够更好地服务农业和工业的发展，促进产业结构的优化升级，提高整个经济发展的效率。三是加快社区服务、家政服务和社会化养老等生活服务业发展，以满足我国人口老龄化社会背景下的各种需求，既能提高老年人晚年生活质量，又能为经济发展提供新动力。其次，优化第

二产业结构。一是通过对煤炭、石油、石化、钢铁等传统产业的生产工艺和设备进行改造升级，提高资源利用效率并降低能耗，降低污染物排放量，促使这些产业向绿色环保型转变。二是大力支持和推动飞机制造、集成电路等高端产业的发展，发挥高端产业对经济发展推动作用，使其成为经济发展的新增长点。

（二）强化技术创新，通过创新驱动经济增长

首先，提高自主技术研发能力。加入对科技研发投入力度，提高科研人才培养规模与水平，建立技术创新人才激励机制，营造进行技术创新的良好氛围，进一步提升自主研发能力，切实提高技术创新的整体水平。其次，加强对先进科学技术的引进消化再吸收。积极引进国外先进技术，通过"技术引进—消化吸收—再创新"的过程不断提升整体的技术水平，提升绿色经济增长的效果。再次，重视技术创新的基础设施和平台建设。技术创新需要有相关的科研机构、科研项目以及研发平台作为支撑，应重点建设一批与技术创新相关的科学工程、研究中心以及科研实验室等，建立一批数据中心、共享网络等技术创新的基础性共享平台，保障技术创新顺利进行。最后，加快成果转化应用。通过建立技术成果转化平台加强技术创新供给方与需求方的交流与合作，促进技术创新成果的转换，使技术创新能够更好地服务经济发展。

（三）提升对外开放程度，提升引进外资质量与水平

首先，不断提升中国对外开放程度，同时加强"服务型"政府建设，完善法律制度，简化外商投资手续，为引进外资营造良好的氛围。其次，采取差异化的引资政策，并使引资政策更富有针对性。经济发展水平较低、生态环境较弱的地区应避免因短视效应而盲目引进外商直接投资，破坏当地生态环境，需结合自身社会经济自然条件的特点，有选择地引进外商直接投资。而经济发展水平较高的地区应积极引进高质量外商直接投资，带动当地经济快速发展，以便充分发挥外商直接投资对绿色经济增长的正向溢出效应。最后，积极鼓励外商直接投资进入高新

技术产业、高端制造业和现代服务业，充分发挥其技术溢出效应。引导拥有先进技术的外资企业进入传统工业部门，加快传统工业部门的转型升级。实施严格环境准入负面清单制度，限制外资企业进入产能过剩、污染严重行业。

三、加强制度建设，提升制度保障能力

（一）推动环境体制改革

实行省级以下环保机构监测监察执法垂直管理制度，是实现生态环境治理体系和治理能力现代化的重要抓手，是我国深入推进生态文明体制改革的重要举措，也是破除地方保护主义对环境监测监察执法干预、充分发挥环境规制对绿色经济增长的有效性措施。首先，明确责任。一是明确党委和政府在生态环境保护中的具体责任，将生态环境质量纳入领导干部目标责任考核制度，完善领导干部违法违规干预环境保护的责任追究制度，实行生态环境损害责任终身追究制度。二是明确各部门的环境保护责任。环境保护部门应做好法律法规规章规定的各项本职工作，其他相关部门也应明确生态环境保护责任，形成齐抓共管生态环境保护工作的格局。其次，改革环境管理体制。一是强调地市级环保局领导班子成员任免由以地市为主导调整为以省级环保部门为主导，县级环保局成为市级环保局的派出机构。二是完善环境监察监测与执法建设。应将生态环境保护的监察监测事权"上收"，将生态环境保护执法权"下沉"，这样既能减少地方政府的干预，又能提升环境执法的及时性与有效性。最后，加强中央生态环境保护督察工作。通过例行检查和随机抽查的方式加强对相关政府、企事业单位环境工作的检查，并对一些突出的生态环境问题适当展开专项督查工作，督促各地方政府履行好各项环境保护工作。

（二）推动财政体制改革

首先，实现财权与事权相匹配。应当在合理划分中央与地方政府事权的基础上，合理配置财权，这样既能避免对环保资金的挪占或挤占现象的发生，也能保证政府有充足的资金支持本地企业的技术创新、工艺改进以及进行设备升级，促进企业的转型升级。其次，建立和完善环保转移支付体系。一是规范环境保护专项转移支付。要科学、合理地设置环境保护专项转移支付项目，明确专项转移支付资金用途，制定科学合理环境保护专项转移标准，从而加强环境保护相关设施建设，提升环境保护的治理能力。二是完善地方政府间的横向财政转移支付。建立以中央政府牵头的横向转移支付机构，能够突破地方行政辖区限制，实现跨区域间的横向财政转移，从而激发地方政府从事环境保护的积极性，减少地方政府在环境保护过程中"搭便车"的行为，实现环境质量的改善。

（三）推动市场化改革

第一，清晰界定政府行政职能与市场的边界。应减少政府对市场活动的过多干预，从而避免政府在资源配置过程中的缺位、越位、错位现象的发生，同时应加强政府对市场的监管，采取必要措施对市场失灵现象进行纠正，从而充分发挥市场对资源配置的功能。第二，推进要素市场化进程。不断完善要素市场体系建设，推动要素价格改革，消除要素自由流动的阻碍因素，充分发挥价格机制在要素配置过程中的作用，实现要素合理流动。第三，深化产品市场化改革。推动资源性产品价格改革，进一步完善资源性产品的定价方法，建立和完善阶梯价格制度，完善价格调整机制，同时打破产品市场的分割。第四，采用多种措施鼓励非国有经济的发展。营造更加公平的竞争环境，加强坚持规则平等、机会平等的市场准入制度建设；加强对非国有经济财产权的保护力度，明确非公有制经济财产权不可侵犯；逐渐放开对非国有经济经营领域的限制，打破原有垄断，增强相关领域的活力，提高资源的使用效率；降低非国有经济的融资难度，充分发挥我国证券市场、债券市场和风险投资市场对非国有经济发展的重要作用,降低非国有经济面临的融资门槛,化解非国有经济融资困境,从而促进非国有经济的发展。第五,加强法律制度的建设。健全产权保护法律制度,清理有违公平的法律法规条款,使各类主体的财产权都能够得到有效保护,进而激发各类产权主体挖掘自身潜能并发挥自身优势。同时,完善专利权、商标权等法律法规及配套的行政法规的建设,从而激发市场主体进行技术研发活动的积极性,不断提高技术创新水平。

参 考 文 献

[1] 卞元超、白俊红：《"为增长而竞争"与"为创新而竞争"——财政分权对技术创新影响的一种新解释》，载于《财政研究》2017 年第 10 期。

[2] 蔡乌赶、周小亮：《中国环境规制对绿色全要素生产率的双重效应》，载于《经济学家》2017 年第 9 期。

[3] 陈超凡：《中国工业绿色全要素生产率及其影响因素——基于 ML 生产率指数及动态面板模型的实证研究》，载于《统计研究》2016 年第 3 期。

[4] 陈菁泉、刘伟、杜重华：《环境规制下全要素生产率逆转拐点的空间效应——基于省际工业面板数据的验证》，载于《经济理论与经济管理》2016 年第 5 期。

[5] 陈路：《环境规制、技术创新与经济增长》，武汉大学博士学位论文，2017 年。

[6] 陈霞：《财政分权下地方政府行为对环境污染的影响研究》，湖南大学博士学位论文，2018 年。

[7] 陈玉龙、石慧：《环境规制如何影响工业经济发展质量？——基于中国 2004～2013 年省际面板数据的强波特假说检验》，载于《公共行政评论》2017 年第 5 期。

[8] 陈园园：《中国区域经济增长收敛性及其机制研究》，东北师范大学博士学位论文，2015 年。

[9] 杜俊涛、陈雨、宋马林：《财政分权、环境规制与绿色全要素生产率》，载于《科学决策》2017 年第 9 期。

［10］樊纲、王小鲁、马光荣：《中国市场化进程对经济增长的贡献》，载于《经济研究》2011 年第 9 期。

［11］樊纲、王小鲁、张立文、朱恒鹏：《中国各地区市场化相对进程报告》，载于《经济研究》2003 年第 3 期。

［12］樊纲、王小鲁、朱恒鹏：《中国市场化指数：各省区市场化相对进程 2011 年度报告》，经济科学出版社 2011 年版。

［13］范洪敏：《环境规制对绿色全要素生产率影响研究——基于"两控区"政策考察》，辽宁大学博士学位论文，2018 年。

［14］范洪敏、穆怀中：《环境规制对城镇二元劳动力就业的影响——基于劳动力市场分割视角》，载于《经济理论与经济管理》2017 年第 2 期。

［15］范庆泉、张同斌：《中国经济增长路径上的环境规制政策与污染治理机制研究》，载于《世界经济》2018 年第 8 期。

［16］方用丽：《中国环境规制对生态效率的影响研究》，中南财经政法大学博士学位论文，2015 年。

［17］傅京燕、胡瑾、曹翔：《不同来源 FDI、环境规制与绿色全要素生产率》，载于《国际贸易问题》2018 年第 7 期。

［18］傅京燕、司秀梅、曹翔：《排污权交易机制对绿色发展的影响》，载于《中国人口·资源与环境》2018 年第 8 期。

［19］高明、黄清煌：《中国环境规制的经济绿色发展效应》，社会科学文献出版社 2019 年版。

［20］高苇：《环境规制下我国绿色矿业发展研究》，中国地质大学博士学位论文，2018 年。

［21］韩晶、刘远、张新闻：《市场化、环境规制与中国经济绿色增长》，载于《经济社会体制比较》2017 年第 5 期。

［22］何爱平、安梦天：《地方政府竞争、环境规制与绿色发展效率》，载于《中国人口·资源与环境》2019 年第 3 期。

［23］何兴邦：《环境规制与中国经济增长质量——基于省际面板数据的实证分析》，载于《当代经济科学》2018 年第 2 期。

［24］和立道、王英杰、张鑫娜：《财政分权、节能环保支出与绿色发展》，载于《经济与管理评论》2018 年第 6 期。

［25］红斌：《绿色型经济增长方式：中国经济发展的必然选择》，载于《理论前沿》2002 年第 8 期。

［26］胡安军：《环境规制、技术创新与中国工业绿色转型研究》，兰州大学博士学位论文，2019 年。

［27］胡晓琳：《中国省际环境全要素生产率测算、收敛及其影响因素研究》，江西财经大学博士学位论文，2016 年。

［28］胡琰欣、屈小娥、李依颖：《我国对"一带一路"沿线国家 OFDI 的绿色经济增长效应》，载于《经济管理》2019 年第 6 期。

［29］环境保护部环境监察局：《中国排污收费制度 30 年回顾及经验启示》，载于《环境保护》2009 年第 20 期。

［30］黄清煌、高明：《环境规制对经济增长的数量和质量效应——基于联立方程的检验》，载于《经济学家》2016 年第 4 期。

［31］黄庆华、胡江峰、陈习定：《环境规制与绿色全要素生产率：两难还是双赢?》，载于《中国人口·资源与环境》2018 年第 11 期。

［32］江珂：《中国环境规制对外商直接投资的影响研究》，华中科技大学博士学位论文，2010 年。

［33］邝嫦娥：《基于环境规制的工业污染减排效应研究》，湖南科技大学博士学位论文，2017 年。

［34］李斌、陈斌：《环境规制、财政分权与中国经济低碳转型》，载于《经济问题探索》2017 年第 10 期。

［35］李斌、祁源、李倩：《财政分权、FDI 与绿色全要素生产率——基于面板数据动态 GMM 方法的实证检验》，载于《国际贸易问题》2016 年第 9 期。

［36］李春米、魏玮：《中国西北地区环境规制对全要素生产率影响的实证研究》，载于《干旱区资源与环境》2014 年第 2 期。

［37］李光龙、周云蕾：《环境分权、地方政府竞争与绿色发展》，载于《财政研究》2019 年第 10 期。

[38] 李兰冰、刘秉镰：《中国高技术产业的效率评价与成因识别》，载于《经济学动态》2014年第9期。

[39] 李玲、陶锋：《中国制造业最优环境规制强度的选择——基于绿色全要素生产率的视角》，载于《中国工业经济》2012年第5期。

[40] 李鹏升、陈艳莹：《环境规制、企业议价能力和绿色全要素生产率》，载于《财贸经济》2019年第11期。

[41] 李强：《财政分权、环境分权与环境污染》，载于《现代经济探讨》2019年第2期。

[42] 李强：《环境规制与产业结构调整——基于Baumol模型的理论分析与实证研究》，载于《经济评论》2013年第5期。

[43] 李胜兰、申晨、林沛娜：《环境规制与地区经济增长效应分析——基于中国省际面板数据的实证检验》，载于《财经论丛》2014年第6期。

[44] 李卫兵、陈楠、王滨：《排污收费对绿色发展的影响》，载于《城市问题》2019年第7期。

[45] 李卫兵、刘方文、王滨：《环境规制有助于提升绿色全要素生产率吗？——基于两控区政策的估计》，载于《华中科技大学学报》2019年第1期。

[46] 李晓乐：《区域性绿色经济增长：测度、分解与驱动因素——来自日本的实证数据》，载于《河北经贸大学学报》2019年第5期。

[47] 李筱乐：《市场化、工业集聚和环境污染的实证分析》，载于《统计研究》2014年第8期。

[48] 李子豪：《外商直接投资对中国碳排放的影响效应：机理与实证研究》，湖南大学博士学位论文，2014年。

[49] 连玉君、程建：《不同成长机会下资本结构与经营绩效之关系研究》，载于《当代经济科学》2006年第2期。

[50] 梁劲锐：《中国环境规制对技术创新的影响研究》，西北大学博士学位论文，2019年。

［51］梁平汉、高楠：《人事变更、法制环境和地方环境污染》，载于《管理世界》2014年第6期。

［52］林伯强、杜克锐：《要素市场扭曲对能源效率的影响》，载于《经济研究》2013年第9期。

［53］刘和旺、郑世林、左文婷：《环境规制对企业全要素生产率的影响机制研究》，载于《科研管理》2016年第5期。

［54］刘伟明：《中国的环境规制与地区经济增长研究》，复旦大学博士学位论文，2012年。

［55］卢阳评：《中国环境规制的经济绿色发展效应》，载于《统计与决策》2019年第15期。

［56］鲁晓东、刘京军、陈芷君：《出口商如何对冲汇率风险：一个价值链整合的视角》，载于《管理世界》2019年第5期。

［57］陆旸：《环境规制影响了污染密集型商品的贸易比较优势吗?》，载于《经济研究》2009年第4期。

［58］陆远权、张德钢：《环境分权、市场分割与碳排放》，载于《中国人口·资源与环境》2016年第6期。

［59］罗能生、王玉泽：《财政分权、环境规制与区域生态效率》，载于《中国人口·资源与环境》2017年第4期。

［60］祁毓：《中国环境污染变化与规制效应研究》，武汉大学博士学位论文，2015年。

［61］任胜钢、郑晶晶、刘东华、陈晓红：《排污权交易机制是否提高了企业全要素生产率——来自中国上市公司的证据》，载于《中国工业经济》2019年第5期。

［62］任雪娇：《制度环境对创新型企业创新绩效的影响机制研究》，哈尔滨工程大学博士学位论文，2018年。

［63］邵利敏：《政府环境规制、地区产业结构状况与经济增长》，山西财经大学博士学位论文，2019年。

［64］史丹、李鹏：《中国工业70年发展质量演进及其现状评价》，载于《中国工业经济》2019年第9期。

［65］宋马林、王舒鸿：《环境规制、技术进步与经济增长》，载于《经济研究》2013 年第 3 期。

［66］苏昕、周升师：《双重环境规制、政府补助对企业创新产出的影响及调节》，载于《中国人口·资源与环境》2019 年第 3 期。

［67］孙浦阳、张甜甜：《国际外部需求、关税传导与消费品价格》，载于《世界经济》2019 年第 6 期。

［68］孙英杰、林春：《试论环境规制与中国经济增长质量提升——基于环境库兹涅茨倒 U 型曲线》，载于《上海经济研究》2018 年第 3 期。

［69］孙玉阳、宋有涛：《环境规制对产业区域转移正负交替影响研究——基于污染密集型产业》，载于《经济问题探索》2018 年第 9 期。

［70］孙玉阳、宋有涛等：《中国环境规制领域研究热点及进展分析——基于 Citespace 和 Spss 图谱量化分析》，载于《干旱区资源与环境》2019 年第 11 期。

［71］孙玉阳、宋有涛、王慧玲、布乃顺：《中国六大流域工业水污染治理效率研究》，载于《统计与决策》2018 年第 19 期。

［72］孙玉阳、宋有涛、王慧玲：《环境规制对产业结构升级的正负接替效应研究——基于中国省际面板数据的实证研究》，载于《现代经济探讨》2018 年第 5 期。

［73］孙玉阳、宋有涛、杨春获：《环境规制对经济增长质量的影响：促进还是抑制？——基于全要素生产率视角》，载于《当代经济管理》2019 年第 10 期。

［74］汤学良、顾斌贤、康志勇、宗大伟：《环境规制与中国企业全要素生产率——基于"节能减碳"政策的检验》，载于《研究与发展管理》2019 年第 3 期。

［75］陶静、胡雪萍：《环境规制对中国经济增长质量的影响研究》，载于《中国人口·资源与环境》2019 年第 6 期。

［76］涂正革、谌仁俊：《排污权交易机制在中国能否实现波特效应？》，载于《经济研究》2015 年第 7 期。

［77］万建香：《环境政策促进区域经济发展的传导机制研究——鄱阳湖生态经济区环境政策模拟》，江西财经大学博士学位论文，2011 年。

［78］王兵、肖文伟：《环境规制与中国外商直接投资变化——基于 DEA 多重分解的实证研究》，载于《金融研究》2019 年第 2 期。

［79］王杰、刘斌：《环境规制与企业全要素生产率——基于中国工业企业数据的经验分析》，载于《中国工业经济》2014 年第 3 期。

［80］王磊、张肇中：《国内市场分割与生产率损失：基于企业进入退出视角的理论与实证研究》，载于《经济社会体制比较》2019 年第 4 期。

［81］王书斌、徐盈之：《环境规制与雾霾脱钩效应——基于企业投资偏好的视角》，载于《中国工业经济》2015 年第 4 期。

［82］王文剑、覃成林：《财政分权、地方政府行为与地区经济增长——一个基于经验的判断及检验》，载于《经济理论与经济管理》2007 年第 10 期。

［83］王文普：《环境规制的经济效应研究——作用机制与中国实证》，山东大学博士学位论文，2012 年。

［84］王小宁、周晓唯：《市场化进程、环境规制与经济增长——基于东、中、西部地区的经验研究》，载于《科学决策》2015 年第 3 期。

［85］王彦皓：《政企合谋、环境规制与企业全要素生产率》，载于《经济理论与经济管理》2017 年第 11 期。

［86］王勇、李雅楠、俞海：《环境规制影响加总生产率的机制和效应分析》，载于《世界经济》2019 年第 2 期。

［87］温湖炜、周凤秀：《环境规制与中国省域绿色全要素生产率——兼论对〈环境保护税法〉实施的启示》，载于《干旱区资源与环境》2019 年第 2 期。

［88］吴敬琏：《中国增长模式抉择（增订版）》，上海远东出版社博士学位论文，2008 年。

［89］吴明琴、周诗敏、陈家昌：《环境规制与经济增长可以双赢吗——基于我国"两控区"的实证研究》，载于《当代经济科学》2016

年第 6 期。

[90] 吴书胜：《环境规制的污染物排放治理效应：机理与实证》，湖南大学博士学位论文，2018 年。

[91] 吴翔：《中国绿色经济效率与绿色全要素生产率分析》，华中科技大学博士学位论文，2014 年。

[92] 夏欣：《东北地区环境规制对经济增长的影响研究》，吉林大学博士学位论文，2019 年。

[93] 鲜于玉莲：《中国环境规制体制改革研究》，辽宁大学博士学位论文，2010 年。

[94] 项后军、巫姣、谢杰：《地方债务影响经济波动吗》，载于《中国工业经济》2017 年第 1 期。

[95] 谢婷婷、刘锦华：《绿色信贷如何影响中国绿色经济增长？》，载于《中国人口·资源与环境》2019 年第 9 期。

[96] 熊艳：《环境规制对经济增长的影响：基于中国工业省际数据的实证分析》，东北财经大学博士学位论文，2012 年。

[97] 熊艳：《基于省际数据的环境规制与经济增长关系》，载于《中国人口·资源与环境》2011 年第 5 期。

[98] 杨仁发、李娜娜：《环境规制与中国工业绿色发展：理论分析与经验证据》，载于《中国地质大学学报（社会科学版)》2019 年第 5 期。

[99] 原毅军、刘柳：《环境规制与经济增长：基于经济型规制分类的研究》，载于《经济评论》2013 年第 1 期。

[100] 原毅军、谢荣辉：《FDI、环境规制与中国工业绿色全要素生产率增长——基于 Luenberger 指数的实证研究》，载于《国际贸易问题》2015 年第 8 期。

[101] 原毅军、谢荣辉：《环境规制的产业结构调整效应研究》，载于《中国工业经济》2014 年第 8 期。

[102] 曾贤刚：《"里约 +20"成果文件中关于绿色经济的解读》，载于《环境保护》2012 年第 14 期。

[103] 张爱华：《环境规制对经济增长影响的区域差异研究》，兰州大学博士学位论文，2017 年。

[104] 张成、于同申、郭路：《环境规制影响了中国工业的生产率吗——基于 DEA 与协整分析的实证检验》载于《经济理论与经济管理》2010 年第 3 期。

[105] 张峰、宋晓娜：《环境规制、资源禀赋与制造业绿色增长的脱钩状态及均衡关系》，载于《科学学与科学技术管理》2019 年第 4 期。

[106] 张光：《测量中国的财政分权》，载于《经济社会体制比较》，2011 年第 6 期。

[107] 张红凤、张细松：《环境规制理论研究》，北京大学出版社2012 年版。

[108] 张华、丰超、刘贯春：《中国式环境联邦主义：环境分权对碳排放的影响研究》，载于《财经研究》2017 年年第 9 期。

[109] 张华：《"绿色悖论"之谜：地方政府竞争视角的解读》，载于《财经研究》2014 年第 12 期。

[110] 张建清、龚恩泽、孙元元：《长江经济带环境规制与制造业全要素生产率》，载于《科学学研究》2019 年第 9 期。

[111] 张江雪、蔡宁、杨陈：《环境规制对中国工业绿色增长指数的影响》，载于《中国人口·资源与环境》2015 年第 1 期。

[112] 张娟：《资源型城市环境规制的经济增长效应及其传导机制——基于创新补偿与产业结构升级的双重视角》，载于《中国人口·资源与环境》2017 年第 10 期。

[113] 张可：《市场一体化有利于改善环境质量吗？——来自长三角地区的证据》，载于《中南财经政法大学学报》2019 年第 4 期。

[114] 张林：《金融业态深化、财政政策激励与区域实体经济增长》，重庆大学博士学位论文，2016 年。

[115] 张平、张鹏鹏：《环境规制对产业区际转移的影响——基于污染密集型产业的研究》，载于《财经论丛》2016 年第 5 期。

[116] 张涛：《环境规制、产业集聚与工业行业转型升级》，中国

矿业大学博士学位论文，2017 年。

［117］张腾飞、杨俊、盛鹏飞：《城镇化对中国碳排放的影响及作用渠道》，载于《中国人口·资源与环境》2016 年第 2 期。

［118］张旭、李伦：《绿色增长内涵及实现路径研究述评》，载于《科研管理》2016 年第 8 期。

［119］张英浩、陈江龙、程钰：《环境规制对中国区域绿色经济效率的影响机理研究——基于超效率模型和空间面板计量模型实证分析》，载于《长江流域资源与环境》2018 年第 11 期。

［120］赵敏：《环境规制的经济学理论根源探究》，载于《经济问题探索》2013 年第 4 期。

［121］赵文军、于津平：《市场化进程与我国经济增长方式——基于省际面板数据的实证研究》，载于《南开经济研究》2014 年第 3 期。

［122］赵霄伟：《环境规制、环境规制竞争与地区工业经济增长——基于空间 Durbin 面板模型的实证研究》，载于《国际贸易问题》2014 年第 7 期。

［123］赵玉民、朱方明、贺立龙：《环境规制的界定、分类与演进研究》，载于《中国人口·资源与环境》2009 年第 6 期。

［124］郑强：《外商直接投资与中国绿色全要素生产率增长》，重庆大学博士学位论文，2017 年。

［125］郑尚植、徐珺：《市场化进程、制度质量与有条件的"资源诅咒"——基于面板门槛模型的实证检验》，载于《宏观质量研究》2018 年第 2 期。

［126］郑婷婷：《资源诅咒、产业结构与绿色经济增长研究》，北京邮电大学博士学位论文，2019 年。

［127］钟茂初、姜楠：《政府环境规制内生性的再检验》，载于《中国人口·资源与环境》2017 年第 12 期。

［128］钟茂初、李梦洁、杜威剑：《环境规制能否倒逼产业结构调整——基于中国省际面板数据的实证检验》，载于《中国人口·资源与环境》2015 年第 8 期。

［129］周晶淼：《环境规制对绿色增长的影响机理研究——导向性技术创新视角》，大连理工大学博士学位论文，2018 年。

［130］周敏、王腾、严良、谢雄标：《财政分权、经济竞争对中国能源生态效率影响异质性研究》，载于《资源科学》2019 年第 3 期。

［131］朱智洺、张伟：《碳排放规制下中国主要工业行业全要素生产率研究——基于方向性距离函数与 GML 指数模型》，载于《资源科学》2015 年第 12 期。

［132］邹璇、雷璨、胡春：《环境分权与区域绿色发展》，载于《中国人口·资源与环境》2019 年第 6 期。

［133］Albrizio S., Kozluk T., Zipperer V.. Environmental Policies and Productivity Growth: Evidence across Industries and Firms. Journal of Environmental Economics and Management, Vol. 81, 2017, pp. 209 – 226.

［134］Andersen, D. C.. Accounting for Loss of Variety and Factor Reallocations in the Welfare Cost of Regulations. Journal of Environmental Economics & Management, Vol. 88, No. 1, 2018, pp. 69 – 94.

［135］Andrei J., Mieila M., Popescu G. H., et al.. The Impact and Determinants of Environmental Taxation on Economic Growth Communities in Romania. Energies, Vol. 9, No. 11, 2016, pp. 902.

［136］Baumol, William J.. Macroeconomics of Unbalanced Growth: The Anatomy of the Urban Crisis. The American Economic Review, Vol. 57, No. 2, 1967, pp. 415 – 426.

［137］Becker R. A.. Local Environmental Regulation and Plant-level Productivity. Ecological Economics, Vol. 70, No. 12, 2011, pp. 2516 – 2522.

［138］B. E. Hansen. Threshold Effects in Non-dynamic Panels: Estimation, Testing, and Inference. Journal of Econometrics, Vol. 93, No. 2, 1999, pp. 345 – 368

［139］Bemard, A. B. & S. N. Durlauf. Interpreting Tests of the Convergence Hypothesis. Journal of Econometrics. 1996, 71（1）: Vol. 71, No. 1, 1996, pp. 161 – 173.

［140］Berman E. , Bui L. T. . Environmental Regulation and Productivity: Evidence from Oil Refineries. The Review of Economics and Statistic, Vol. 88, No. 3, 2001, pp. 498 – 510.

［141］Domazlicky B. R. , Weber W. I. . Does Environmental Protection Lead to Slower Productivity Growth in the Chemical Industry. Environmental and Resource Economics, Vol. 28, 2004, pp. 301 – 324.

［142］European Commission (EC). Rio + 20: Towards the Green Economy and Better Governance ［R］. https://dochas. ie/sites/default/files/Irish%20Civil%20Society%20response. pdf. 2011: 8 – 9.

［143］European Environment Agency (EEA). Environmental Indicator Report 2012 – Ecosystem Resilience and Resource Efficiency in A Green Economy in Europe ［R］. http://englishbulletin. adapt. it/docs/ eea_05_2012. pdf. 2012: pp. 18 – 20.

［144］Gollop F. M. , Robert M. J. . Environmental Regulations and Productivity Growth: The Case of Fossil Fueled Electric Power Generation. Journal of Political Economy, Vol. 91, No. 4, 1983, pp. 654 – 674.

［145］Greenstone M. , Listja, Syversonc. The Effects of Environmental Regulation on the Competitiveness of US Manufacturing. NBER, 2012.

［146］Hancevic P. I. . Environmental Regulation and Productivity: The Case of Electricity Generation under the CAAA – 1990. Energy Economics, Vol. 60, 2016, pp. 131 – 143.

［147］Harrison A. E. , Hyman B. , Martin L. A. . When Do Firms Go Green? Comparing Price Incentives with Command and Control Regulations in India. NBER Working Paper No. Vol. 30, No. 11, 2015, pp. 83 – 105.

［148］Jan Peucker. What Shapes the Impact of Environmental Regulation on Competitiveness? Evidence from Executive Opinion Surveys. Environmental Innovation and Societal Transitions, No. 10, 2014, pp. 77 – 94.

［149］Johnstone N. , Managi S. , Rodríguez M. C. , et al. . Environmental Policy Design, Innovation and Efficiency Gains in Electricity Generation. Energy Economics, Vol. 63, 2017, pp. 106 – 115.

［150］Jorgenson D. J. , Wileoxen. P. J. . Environmental Regulation and US Economic Growth. The Rand Journal of Economies, Vol. 21, No. 2, 1990, pp. 314 – 340.

［151］Klaus Conrad , DieterWastl. The Impact of Environmental Regulation on Productivity in German Industries. Empirical Economics , No. 20, 1995, pp. 615 – 633.

［152］Kuosmanen T. , Bijsterbosch N. , Dellink R. . Environmental Cost-benefit Analysis of Alternative Timing Strategies in Greenhouse Gas Abatement: A Data Envelopment Analysis Approach. Ecological Economics, Vol. 68, No. 6, 2009, pp. 1633 – 1642.

［153］Lambertini L. , Pignataro G. , Tampieri A. . Competition among Coalitions in a Cournot Industry: A Validation of the Porter Hypothesis. Working Papers, 2015.

［154］Lanoie P. , Lucchetti J. N. . Johnstone, and Ambec S. . Environmental Policy, Innovation and Performance: New Insights on the Porter Hypothesis. Journal of Economics & Management Strategy, Vol. 20, No. 3, 2011, pp. 803 – 842.

［155］Lanoie P. , Patry M. , Lajeunesse R. . Environmental Regulation and Productivity: Testing the Porter Hypothesis. Journal of Productivity Analysis, Vol. 30, No. 2, 2008, pp. 121 – 128.

［156］Manello A. . Productivity Growth, Environmental Regulation and Win-win Opportunities: The Case of Chemical Industry in Italy and Germany. European Journal of Operational Research , No. 3, 2017, pp. 262 – 285.

［157］Mazzanti M. , ZoboliR. Environmental Efficiency and Labor Productivity: Trade – off or Joint Dynamics? A Theoretical Investigation and Empirical Evidence from Italy Using NAM EA. Ecological Economics, Vol. 68, No. 3, 2009, pp. 1182 – 1194.

［158］Olga Kiuilaa, Grzegorz Peszko. Sectoral and Macroeconomic Impacts of the Large Combustion Plants in Poland: A General Equilibrium Analysis. Energy Economics, Vol. 28, No. 3, 2006, 288 – 307.

[159] Organisation for Economic Cooperation and Development (OECD). Towards Green Growth – A Summary for policymakers. https://www. oecd. org/greengrowth/48012345. pdf. 2011. 5: P4.

[160] Pang, Yu. Profitable Pollution Abatement? A Worker Productivity Perspective. Resource & Energy Economics. Vol. 52, No. 5, 2018, pp. 33 – 49.

[161] Peuckert J.. What Shapes the Impact of Environmental Regulation on Competitiveness? Evidence from Executive Opinion Surveys. Environmental Innovation & Societal Transitions, No. 10, 2014, pp. 77 – 94.

[162] Porter M. C., Vander L.. Toward A New Conception of the Environment Competitiveness Relationship. Journal of Economic Perspectives, Vol. 9, No. 5, 1995, pp. 97 – 118.

[163] Roubini, Nouriel, and Xavier Sala – i – Martin. Financial Repression and Economic Growth. Journal of Development Economics. Vol. 39, No. 1, 1992, pp. 5 – 30.

[164] Rubashkina, Y., M. Galeotti, and E. Verdolini. Environmental Regulation and Competitiveness: Empirical Evidence on the Porter Hypothesis from European Manufacturing Sectors. Energy Policy, Vol. 83, No. 4, 2015, pp. 288 – 300.

[165] Shadbegian R. J., Gray W. B.. Pollution Abatement Expenditures and Plant-level Productivity: A Production Function Approach. Ecological Economics, Vol. 54, No. 3, 2005, pp. 196 – 208.

[166] Silvia Albrizio, TomaszKozluk, VeraZippererc. Environmental Policies and Productivity Growth: Evidence across Industries and Firms. Journal of Environmental Economics and Management, No. 1, 2017, pp. 209 – 226.

[167] Testa, F., F. Iraldo, and M. Frey. The Effect of Environmental

Regulation on Firms, Competitive Performance: The Case of the Building & Construction Sector in Some EU Regions. Journal of Environmental Management, Vol. 92, No. 1, 2011, pp. 2136 – 2144.

[168] Tiebout, C. M.. A Pure Theory of Local Expenditures. Journal of Political Economy, Vol. 64, No. 5, 1956, pp. 416 – 424.

[169] Tone K., Tsutsui M.. An Epsilon-based Measure of Efficiency in DEA – A Third Pole of Technical Efficiency. European Journal of Operational Research, Vol. 207, No. 3, 2010, 1554 – 1563.

[170] United Nations Commission on Sustainable Development (UNCSD). The Future We Want. Rio de Janeiro, Brazil, https://sustainabledevelopment. un. org/content/documents/733Future WeWant. pdf. 2012: P14 – 15.

[171] United Nations Environment Programme (UNEP). Measuring Progress towards an Inclusive Green Economy. https://www. gwp. org/globalassets/global/toolbox/references/measuring-progress-towards-an-inclusive-green-economy-unep-2012. pdf. 2012: 9 – 18.

[172] United Nations Environment Programme (UNEP). Towards A Green Economy Pathways to Sustainable Development and Poverty Eradication. http://all62. jp/ecoacademy/images/15/ green_economy_report. pdf. 2011: pp. 16 – 17.

[173] Vivek Ghosal, AndreasStephan, Jan F. Weiss. Decentralized Environmental Regulations and Plant-level Productivity. Business Strategy & the Environment. Vol. 6, No. 28, 2019, pp. 998 – 1011.

[174] Wang Y., Shen N.. Environmental Regulation and Environmental Productivity: The Case of China. Renewable and Sustainable Energy Reviews, No. 62, 2016, pp. 758 – 766.

[175] Zhao S., Jiang Y., Wang S.. Innovation Stages, Knowledge Spillover, and Green Economy Development: Moderating Role of Absorptive Capacity and Environmental Regulation. Environmental Science and Pollution Research, No24, 2019, pp. 25312 – 25325.

后　记

　　历时两年的写作，即将步入尾声。耳边时常会想起圣贤的教诲：衙斋卧听萧萧竹，疑是民间疾苦声，些小吾曹州县吏，一枝一叶总关情。家事国事天下事事事关心。为天地立心，为生民立命，为往圣继绝学，为万世开太平。作为一个知识分子，位卑未敢忘忧国，希望能贡献自己的微薄之力，为社会经济的发展做出点滴的贡献。

　　人类社会在经历原始文明、农业文明、工业文明逐步向生态文明方向发展。人们对自然的认识也从刚开始崇拜自然、改造自然到实现人与自然和谐相处方向转变。与原始经济、农业经济相比，工业经济大大提高生产率，增加了社会财富，提高了人民的生活水平，但是过度地对自然资源的开发和利用，导致了资源枯竭、环境污染等问题，严重地影响了社会经济的可持续发展。因此，绿色经济成为实现经济发展与环境保护的一种新的经济发展形态。本书从环境规制视角研究中国的绿色经济增长问题，旨在解决中国经济发展过程中面临的资源与环境约束问题，进而实现中国经济可持续发展。

　　本书在完成过程中得到了穆怀中教授、宋有涛教授、朱京海教授、马树才教授、赵德起教授、和军教授、边恕教授、武萍研究员、金刚研究员等的指导与帮助，从而使本书得以不断完善。

　　路漫漫其修远兮，吾将上下而求索！

孙玉阳

2020 年 11 月